智能制造类产教融合人才培养系列教材

UG NX 12.0 应用案例基础教程

主　编　周宝冬　吴卫华（企业）

参　编　刘建伟　张海峰　杜　义　邢　蕊

卢晓晖　李晓娟　张　皓　郭德宪

韩　勇

主　审　卜学军

机械工业出版社

本书依据职业教育的特点，注重培养学生综合应用 CAD/CAM 解决产品设计基本问题的能力，以 UG NX 12.0 软件为平台，以项目为依托，以任务目标+任务描述+任务实施+心得体会为主线，采用项目导向、任务驱动的编写模式，介绍了该软件的基础指令和操作技巧。全书共六个项目，项目载体包括魔方、西瓜、储物柜的创建方法，UG NX 12.0 基础，简单零件建模和复杂零件建模训练内容。

本书基本涵盖了 UG NX 12.0 软件在三维设计时的常用指令和操作技巧，具有较强的针对性和实用性。书中项目从生活中常见的物品入手，趣味性十足，在寓学于乐中使读者掌握模具设计的必要功能。本书可作为职业院校机械类专业教材以及模具设计人员使用参考。

图书在版编目（CIP）数据

UG NX 12.0 应用案例基础教程/周宝冬，吴卫华（企业）主编. —北京：机械工业出版社，2019.8（2020.8 重印）
智能制造类产教融合人才培养系列教材
ISBN 978-7-111-63517-8

Ⅰ. ①U… Ⅱ. ①周… ②吴… Ⅲ. ①计算机辅助设计—应用软件—职业教育—教材 Ⅳ. ①TP391.72

中国版本图书馆 CIP 数据核字（2019）第 180380 号

机械工业出版社（北京市百万庄大街 22 号 邮政编码 100037）
策划编辑：齐志刚 责任编辑：王莉娜 齐志刚 赵文婕
责任校对：张 薇 封面设计：张 静
责任印制：孙 炜
保定市中画美凯印刷有限公司印刷
2020 年 8 月第 1 版第 2 次印刷
184mm×260mm · 10 印张 · 243 千字
标准书号：ISBN 978-7-111-63517-8
定价：27.00 元

电话服务 网络服务
客服电话：010-88361066 机 工 官 网：www.cmpbook.com
010-88379833 机 工 官 博：weibo.com/cmp1952
010-68326294 金 书 网：www.golden-book.com
 机工教育服务网：www.cmpedu.com

前　言

UG NX 是 Siemens PLM Software 公司（前身为 Unigraphics NX）出品的一个产品工程解决方案，它为用户的产品设计及加工过程提供了数字化造型和验证手段。UG NX 针对用户的虚拟产品设计和工艺设计的需求，提供了经过实践验证的解决方案，使企业能够通过数字化产品开发系统实现向产品全生命周期管理转型的目标。UG NX 包含了企业中应用最广泛的集成应用套件，用于产品设计、工程和制造全范围的开发过程，涉及众多领域。本书以 UG NX 12.0 为平台，通过具有代表性的案例，介绍了该软件的基本命令和操作技巧。

本书针对职业教育的特点，目的在于提高学生综合应用知识的能力，在教学过程中注重培养学生综合应用 CAD/CAM 解决产品设计基本问题的能力。本书最大特点是以项目为依托，以任务目标+任务描述+任务实施+心得体会为主线，采用项目导向、任务驱动的编写模式。

本书共六个项目，主要内容包括魔方、西瓜、储物柜的创建方法，UG NX 12.0 基础，简单零件建模和复杂零件建模。本书内容由浅入深，基本涵盖了 UG NX 12.0 在三维设计时的常用命令和操作技巧，具有较强的针对性和实用性。

本书由天津市机电工艺学院周宝冬和天津龙抬头教育科技有限公司吴卫华担任主编，刘建伟、张海峰、杜义、邢蕊、卢晓晖、李晓娟、张皓、郭德宪、韩勇参与编写。全书由周宝冬、吴卫华统稿，卜学军担任主审。

本书在编写过程中得到了天津市机电工艺学院、天津龙抬头教育科技有限公司、天津现代职业技术学院、天津华舜汽配制造集团有限公司、天津丰铁汽车部件有限公司的大力支持与技术帮助，在此一并表示衷心的感谢！

由于编者水平有限，书中难免有疏漏和不妥之处，恳请广大读者批评指正。

编　者

目　　录

前言
项目一　UG NX 12.0 建模初体验——魔方 …… **1**
任务一　创建正方体 …… 1
任务二　查看正方体 …… 6
任务三　建立三阶魔方的基本结构 …… 9
任务四　魔方实体的着色 …… 15
项目二　UG NX 12.0 操作能力再提升——西瓜 …… **23**
任务一　创建椭圆体 …… 23
任务二　绘制椭圆体表面纹理 …… 28
任务三　分割椭圆体 …… 33
项目三　UG NX 12.0 操作能力进阶——储物柜 …… **40**
任务一　创建卡扣 …… 40
任务二　创建侧板 …… 49
任务三　创建门板 …… 57
任务四　组装储物柜 …… 66
项目四　UG NX 12.0 基础 …… **72**
任务一　基本命令一 …… 72
任务二　基本命令二 …… 85
任务三　“测量”工具条中的命令 …… 92
任务四　“特征”工具条中的命令——特征操作 …… 96
任务五　“特征”工具条中的命令——布尔操作 …… 103
任务六　“特征”工具条中的命令——成形特征 …… 107
任务七　“同步建模”工具条中的命令 …… 116
任务八　UG NX 12.0 快捷键的设置 …… 122
任务九　UG NX 12.0 快捷键的运用 …… 124
项目五　简单零件建模 …… **133**
专项训练一 …… 133
专项训练二 …… 137
专项训练三 …… 139
专项训练四 …… 144
专项训练五 …… 147
项目六　复杂零件建模 …… **150**

项目一　UG NX 12.0 建模初体验——魔方

项目目标

1. 熟悉 UG NX 12.0 软件的操作环境，能够创建并加载角色。
2. 掌握三键滚轮鼠标各按键的功能。
3. 会应用“长方体”“边倒圆”“变换”等命令创建相关模型。
4. 掌握模型的编辑、查看、测量等操作方法。

任务一　创建正方体

任务目标

1. 掌握启动 UG NX 12.0 软件的方法。
2. 掌握快速、准确地加载角色的方法。
3. 具备应用“适合窗口”命令查看模型的技能。
4. 会使用“长方体”命令创建模型。

任务描述

根据图 1-1a 中的尺寸要求创建图 1-1b 所示的正方体立体文件。

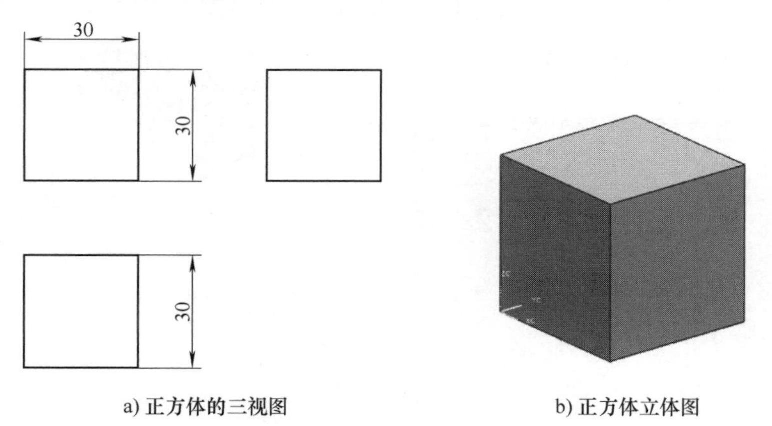

a) 正方体的三视图　　b) 正方体立体图

图 1-1　正方体

任务实施

1. 新建文件

步骤 1：双击桌面快捷图标，进入 UG NX 12.0 软件用户界面，如图 1-2 所示。

图 1-2 UG NX 12.0 软件用户界面

步骤 2：在 UG NX 12.0 软件用户界面中执行“文件”→“新建”菜单命令或在“标准”工具条中单击“新建”按钮 ，弹出“新建”对话框，如图 1-3 所示。

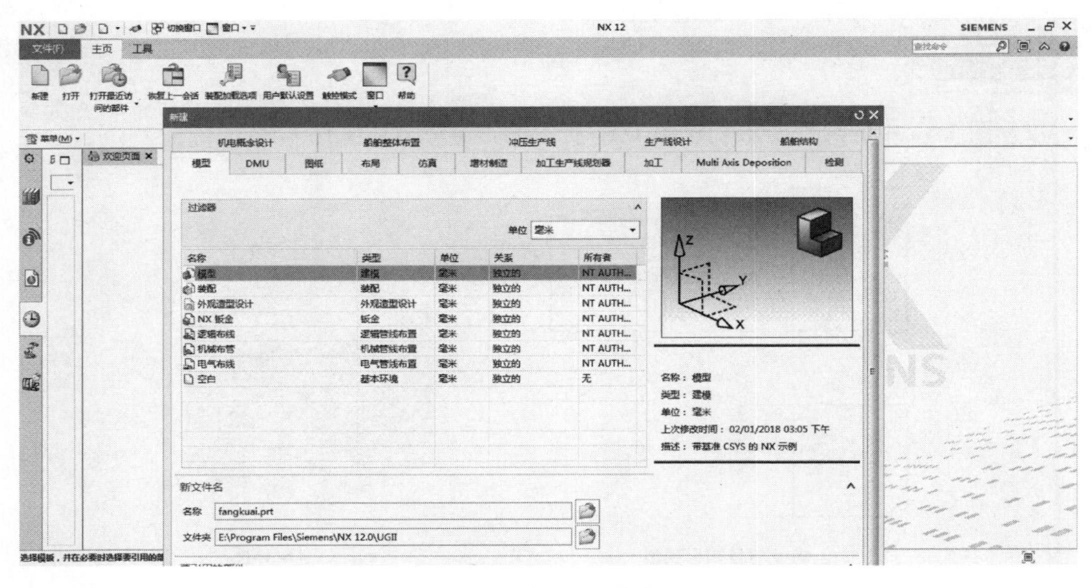

图 1-3 “新建”对话框

步骤 3：在“新建”对话框的“模型”选项卡中选择“模型”模版，在“名称”文本框中，输入文件名称“fangkuai”，确定文件保存在 C 盘 temp 文件夹中，单击“确定”按钮，完成新建文件的操作，如图 1-4 所示。

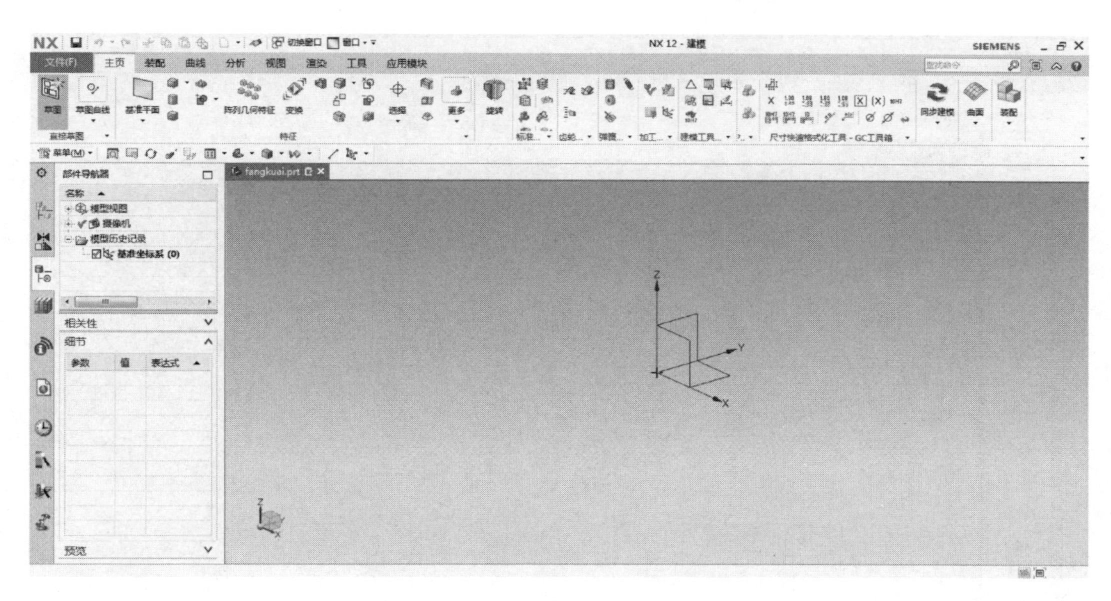

图 1-4　新建文件 fangkuai

2. 加载角色

步骤 1：按组合快捷键<Ctrl+2>，弹出“用户界面首选项”对话框，如图 1-5 所示。

步骤 2：选择“角色”选项，在“操作”选项区域中单击“加载角色”按钮，在文件夹中选择需要加载的文件。单击“确定”按钮，完成角色加载的操作，如图 1-6 所示。

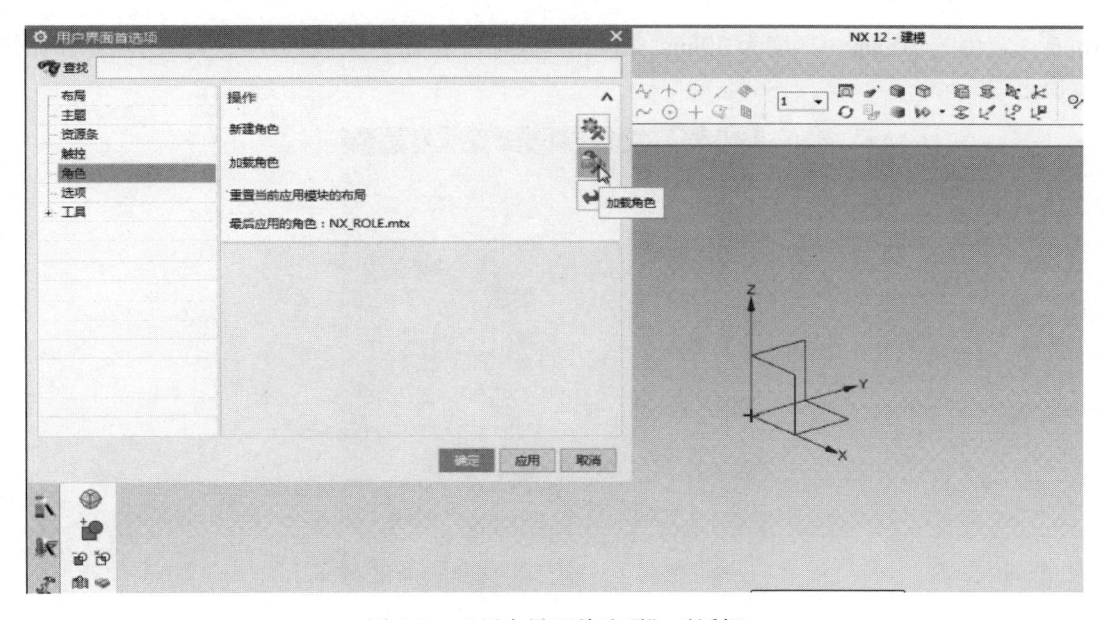

图 1-5　“用户界面首选项”对话框

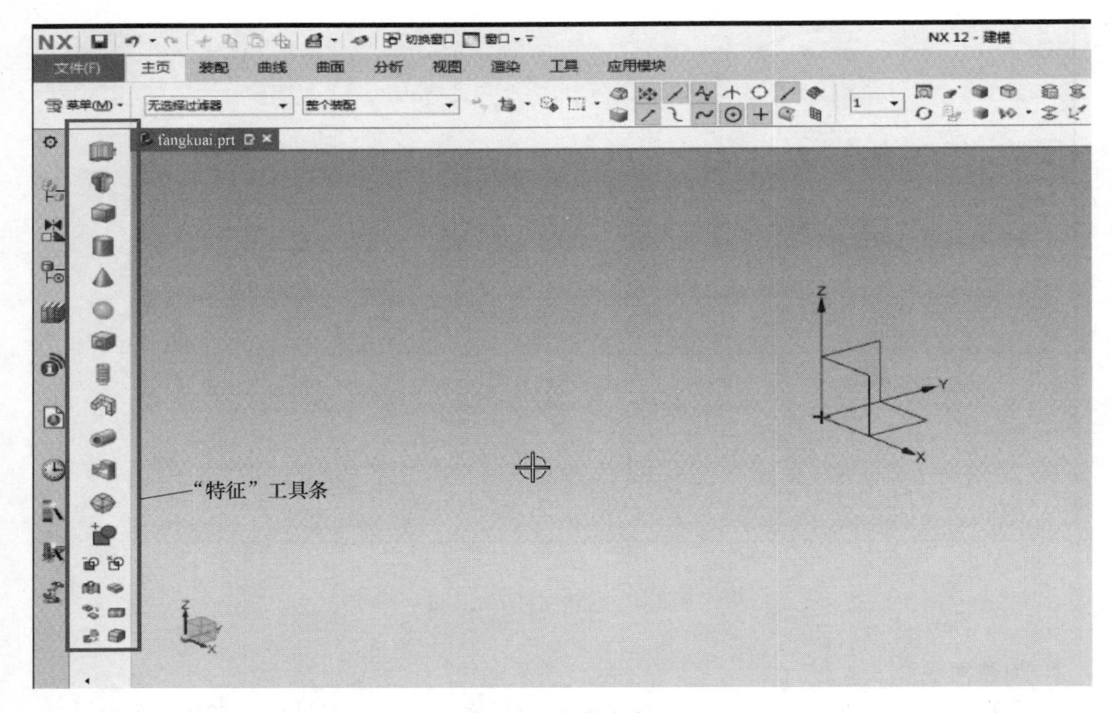

图 1-6 加载角色

3. 创建正方体

步骤：单击“特征”工具条中的“长方体”按钮，或执行“插入”→“设计特征”→“长方体”菜单命令，弹出“长方体”对话框，如图 1-7 所示。设置长度为 30mm，宽度为 30mm，高度为 30mm，单击“确定”按钮，完成创建正方体的操作，如图 1-8 所示。

图 1-7 “长方体”对话框

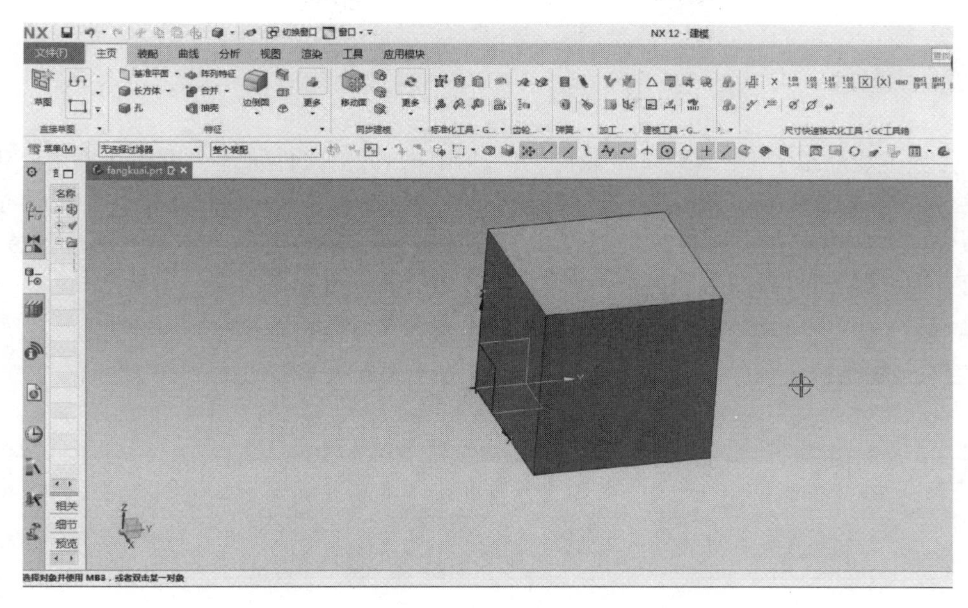

图 1-8　创建正方体

4. 保存文件

步骤：单击“视图组”工具条中“适合窗口”按钮，或执行“视图”→“操作”→“适合窗口”菜单命令，可呈现出一个完整的正方体。单击“快速访问”工具栏中的“保存”按钮，或执行“文件”→“保存”菜单命令，完成保存文件的操作，如图 1-9 所示。

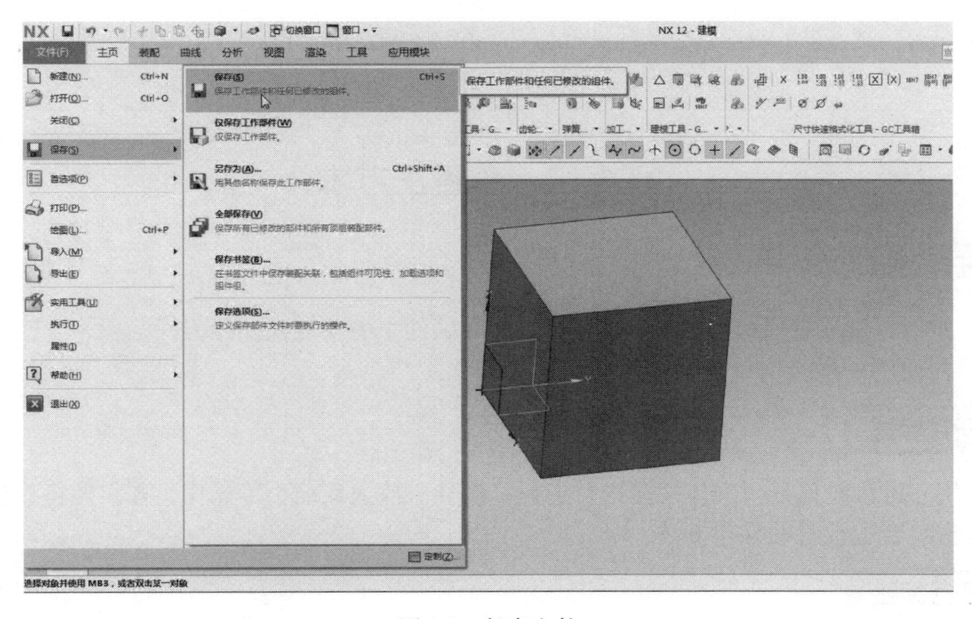

图 1-9　保存文件

心得体会

本任务主要介绍了 UG NX 12.0 软件的启动操作，并对文件管理、工作环境用户化（角色加载）等基础知识进行了说明。设计特征中的“长方体”命令和视图操作中的“适合窗口”命令，方便用户在实体建模的过程中实现清晰和准确的定位。同时，通过任务实施，读者能熟练掌握各种操作技巧和部分应用方法，达到任务目标要求。

学习随笔

任务二　查看正方体

任务目标

1. 掌握三键滚轮鼠标各按键在 UG NX 12.0 软件中的功能及操作方法。
2. 会使用“适合窗口”命令对模型进行查看。

任务描述

利用三键滚轮鼠标对实体模型进行选择、旋转、放大或缩小等操作，并掌握将目标体放在工作窗口合适位置的操作方法。

任务实施

步骤 1：双击桌面快捷图标，进入 UG NX 12.0 软件用户界面，单击“打开”按钮，打开项目“任务”创建的正方体“fangkuai”文件。

步骤 2：单击正方体对其进行点选，正方体变色，如图 1-10 所示。按<Esc>键，可取消对正方体的选择。

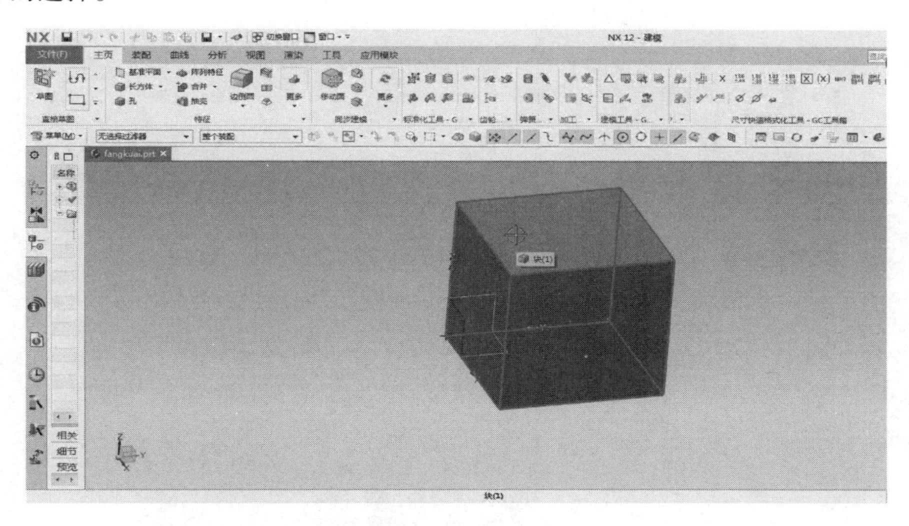

图 1-10　选择正方体

步骤 3：在绘图区空白处右击，弹出快速功能选择菜单，如图 1-11 所示。在菜单中选择“设置旋转参考（S）”命令。单击正方体的同时按住鼠标中键并移动光标，可以对正方体进行旋转。

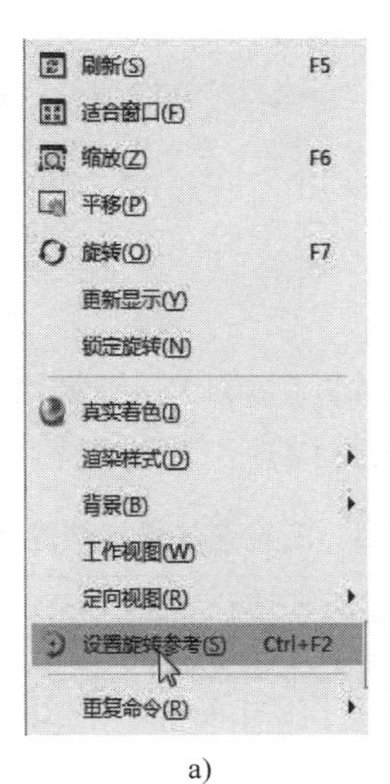

a)

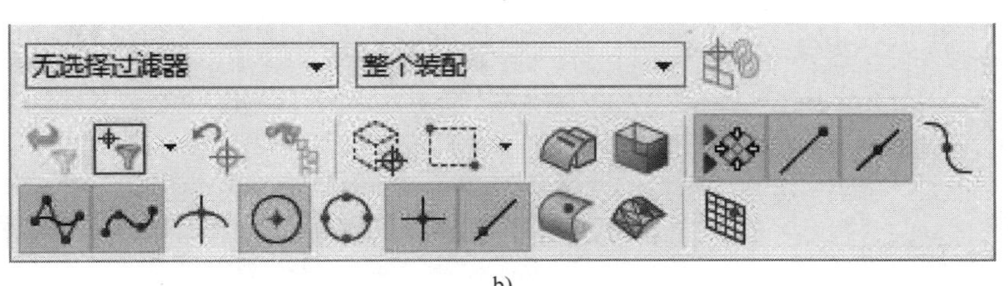

b)

图 1-11　快速功能选择菜单

步骤 4：单击“视图组”工具条中的“适合窗口”按钮，可以将正方体置于绘图区的正中位置，便于查看模型或对模型进行操作，如图 1-12 所示。

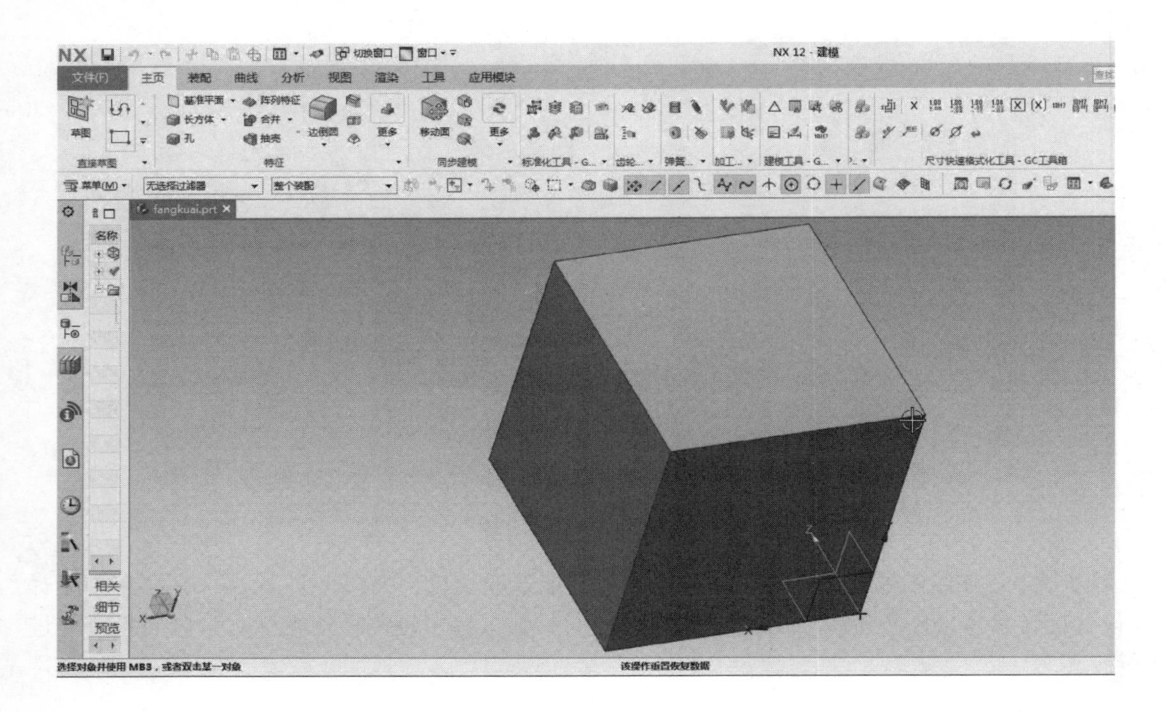

图 1-12　执行“适合窗口”命令

心得体会

三键滚轮鼠标有 3 个按键——左键（MB1）、中键（MB2）和右键（MB3），操作者可通过食指、中指和无名指对 3 个按键进行操控。三键滚轮鼠标按键功能见表 1-1。

表 1-1　三键滚轮鼠标按键功能

鼠标按键	功　能	操　作　方　法
左键（MB1）	用于选择实体、菜单、快捷菜单、工具条等对象	单击
中键（MB2）	旋转	按住 MB2 的同时移动光标，可旋转实体模型
	平移	按<Shift>键的同时按住 MB2 或按住 MB2 的同时右击，可将模型沿光标移动的方向平移
	放大或缩小	按<Ctrl>键的同时按住 MB2 或按住 MB2 的同时单击，并移动光标或滚动 MB2，可将模型放大和缩小
右键（MB3）	弹出快捷菜单	右击

学习随笔

任务三　建立三阶魔方的基本结构

任务目标

1. 灵活运用“边倒圆”“变换”命令创建模型。
2. 具备综合运用“移动对象”命令的能力。

任务描述

根据尺寸要求创建图 1-13 所示的三阶魔方轮廓文件。建模中涉及“长方体”“边倒圆”“平移变换”等命令。

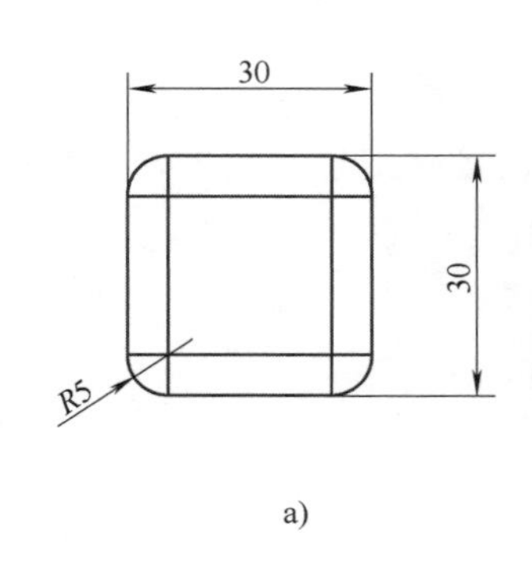

a)

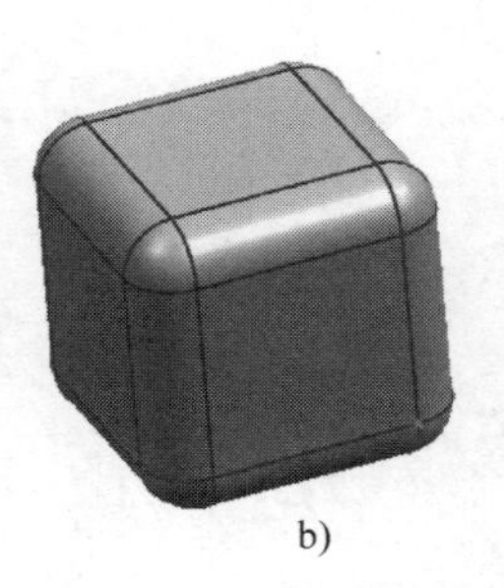
b)

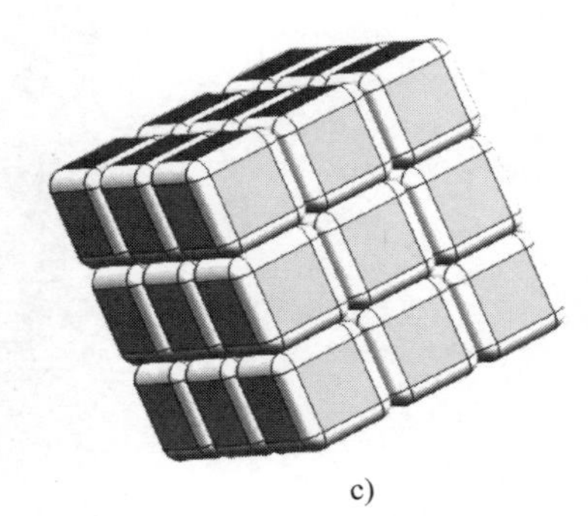
c)

图 1-13　三阶魔方轮廓文件

任务实施

1. 打开文件

步骤：双击桌面快捷图标，进入 UG NX 12.0 软件用户界面。在“标准”工具条中单击“打开”按钮，或执行“文件”→“打开”菜单命令，弹出“打开”对话框，如图 1-14 所示，在“名称”列表框中选择项目“任务”创建的“fangkuai”文件，单击“OK”按钮，打开组成魔方实体的正方体模型文件，如图 1-15 所示。

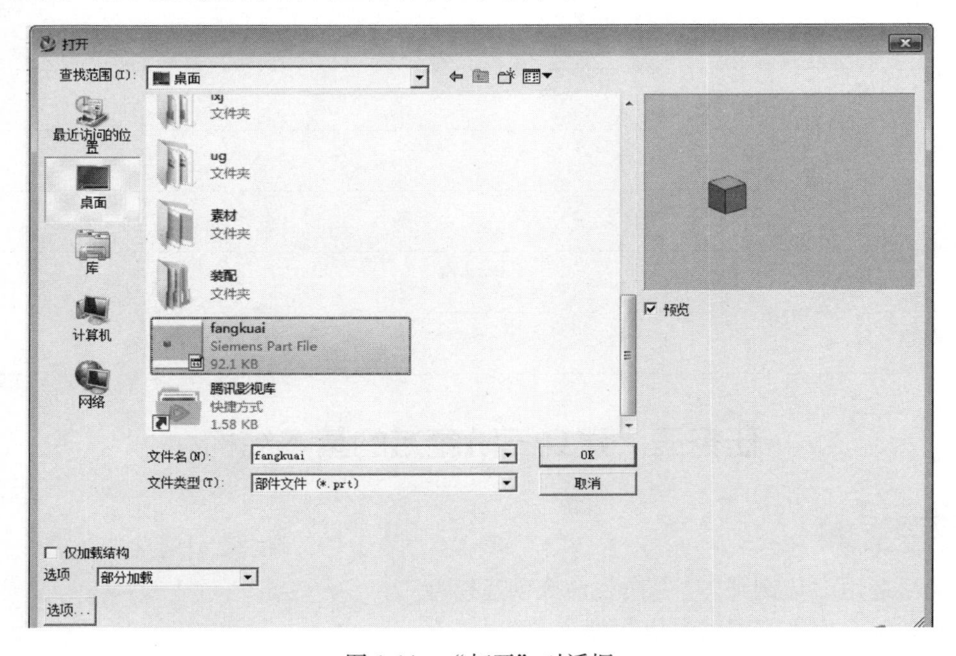

图 1-14 “打开”对话框

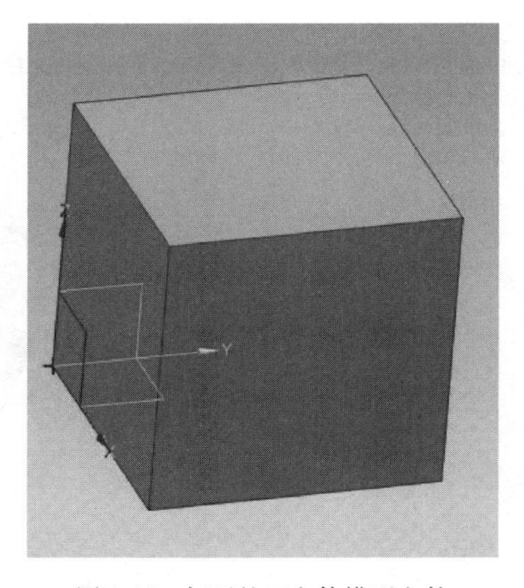

图 1-15 打开的正方体模型文件

2. 正方体边倒圆

步骤 1：单击“特征”工具条中的“边倒圆”按钮，或执行“插入”→“细节特征”→“边倒圆”菜单命令，系统弹出“边倒圆”对话框，如图 1-16 所示，在“连续性”列表框中选择“G1（相切）”选项，在“半径 1”文本框中输入 5。在绘图区选择正方体的 12 条棱边，如图 1-17 所示。在“边倒圆”对话框中单击“确定”按钮，完成边倒圆的操作，结果如图 1-18 所示。

图 1-16　“边倒圆”对话框

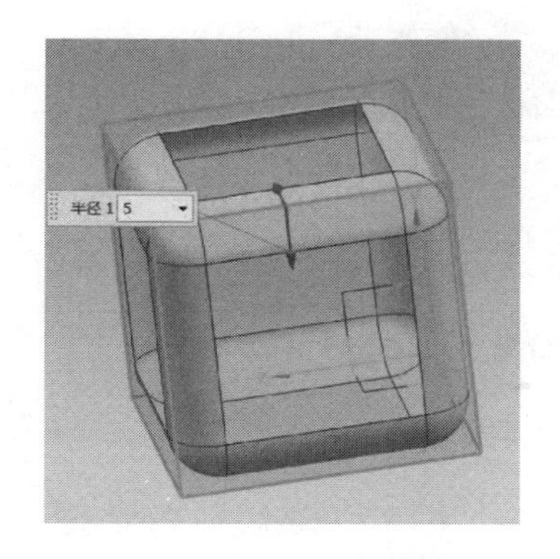

图 1-17　选择正方体的棱边

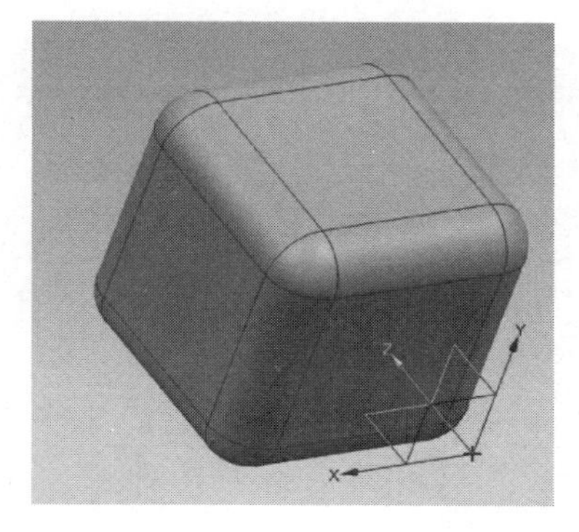

图 1-18　边倒圆操作结果

步骤 2：单击“特征”工具条中的“移除参数”按钮，弹出“移除参数”对话框，如图 1-19 所示，单击“选择对象”按钮，在绘图区选择实体（图 1-20），单击“确定”按钮，完成移除参数的操作，结果如图 1-21 所示。

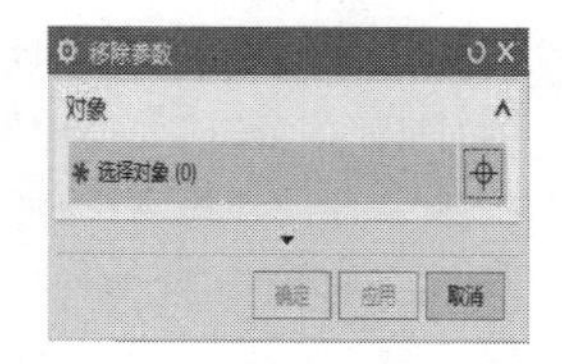

图 1-19　“移除参数”对话框

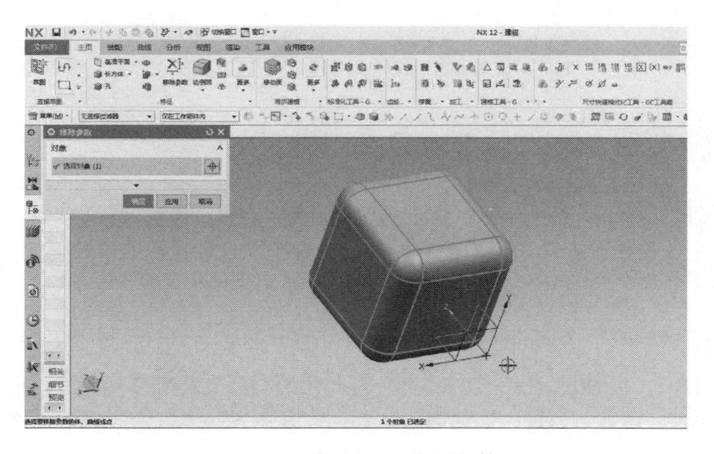

图 1-20　在绘图区选择实体

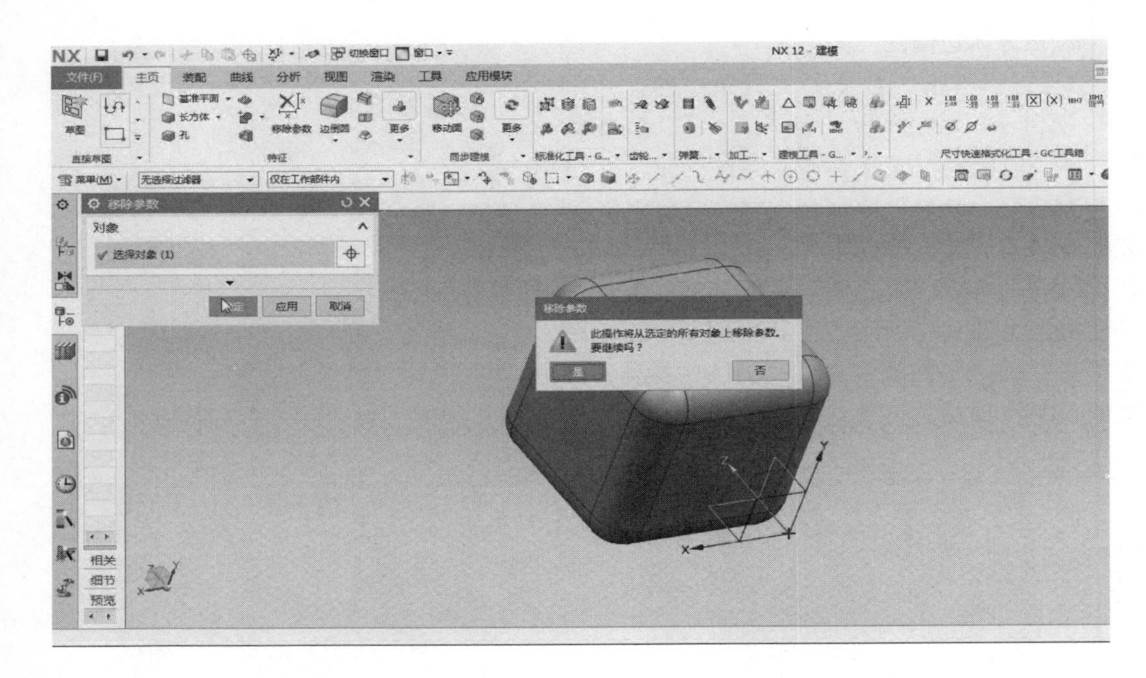

图 1-21　移除参数操作结果

3. 建立三阶魔方的基本结构

步骤 1：单击“特征”工具条中的“移动对象”按钮，或执行“编辑”→“移动对象”菜单命令，系统弹出“移动对象”对话框，如图 1-22 所示，单击“选择对象”按钮，在绘图区选择正方体，在“变换”选项区域中的“运动”列表框中选择“距离”选项，设置“指定矢量”为 XC 轴，在“距离”文本框中输入 30，在“结果”选项区域中选中“复制原先的”单选按钮，在“距离/角度分割”文本框中输入 1，在“非关联副本数”文本框中输入 2，单击“确定”按钮，对正方体进行复制，结果如图 1-23 所示。移除参数并保存。

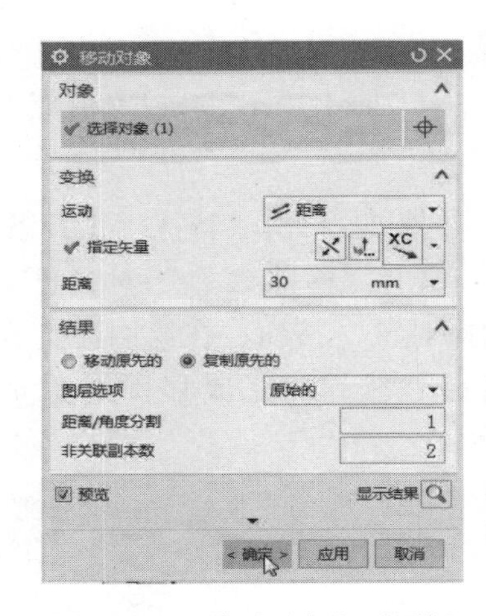

图 1-22　“移动对象”对话框

步骤 2：单击“特征”工具条中的“移动对象”按钮，系统弹出“移动对象”对话框，单击“选择对象”按钮，在绘图区框选 3 个正方体，设置“指定矢量”为 YC 轴，其余参数不变（图 1-24），单击“确定”按钮，对正方体进行复制，结果如图 1-25 所示。移除参数并保存。

步骤 3：单击“特征”工具条中的“移动对象”按钮，系统弹出“移动对象”对话框，单击“选择对象”按钮，在绘图区框选 9 个正方体，设置“指定矢量”为 ZC 轴，其余参数不变（图 1-26），单击“确定”按钮，对正方体进行复制，完成三阶魔方基本结构的建立，结果如图 1-27 所示。移除参数并保存。

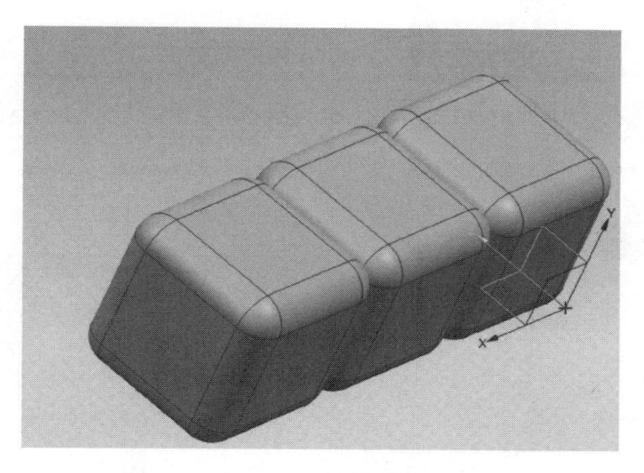

图 1-23　沿 X 方向复制正方体结果

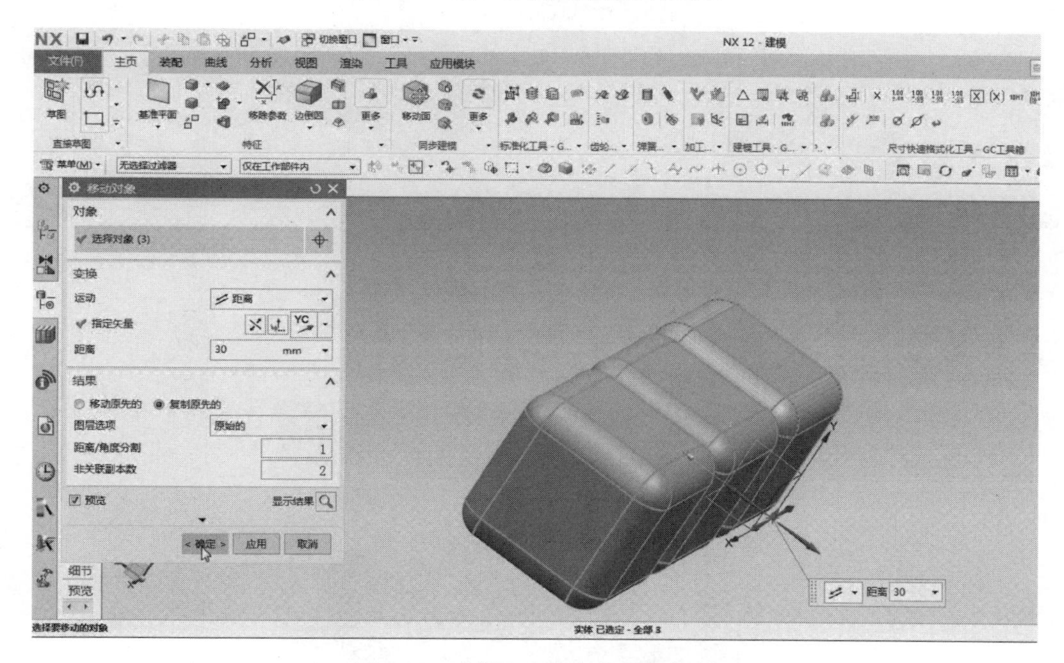

图 1-24　选择 3 个正方体进行复制

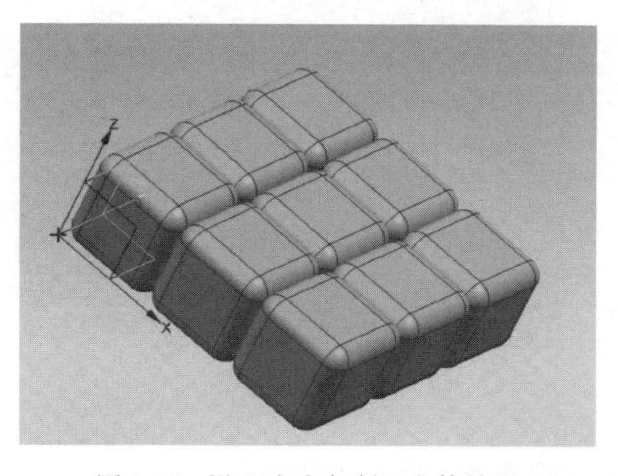

图 1-25　沿 Y 方向复制正方体结果

图 1-26　选择 9 个正方体进行复制

图 1-27　沿 Z 方向复制正方体结果

UG NX 12.0 软件中常用命令的快捷方式见表 1-2。

表 1-2　UG NX 12. 0 常用命令的快捷方式

命令名称	快捷键	说　明
打开	<Ctrl+O>	
保存	<Ctrl+S>	常用快捷键，防止文件丢失
撤销	<Ctrl+Z>	只能后退，不能前进
变换	<Ctrl+T>	平移
删除	<Ctrl+D>	先点命令再选择对象，适用于所有命令
适合窗口	<Ctrl+F>	
放平	<F8>	

学习随笔

任务四　魔方实体的着色

任务目标

1. 会使用“颜色”命令对实体表面进行着色。
2. 掌握“隐藏”“反转”“全部”显示命令的操作方法。
3. 会对模型的尺寸和角度进行测量。

任务描述

使用颜色编辑命令对项目一任务三建立的魔方实体的每个面进行着色效果如图 1-28 所

示。建模中涉及“平移变换”“旋转”“颜色”等命令。

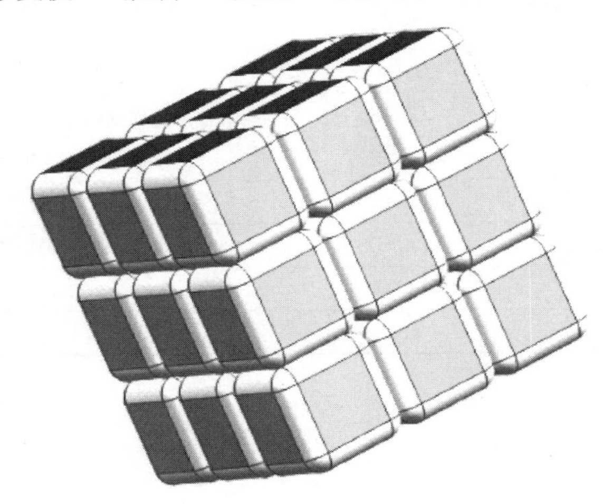

图 1-28 三阶魔方实体着色效果

任务实施

1. 选择魔方实体

步骤：执行“类选择”菜单命令，弹出“类选择”对话框。单击“选择对象”按钮，在绘图区框选魔方实体，如图 1-29 所示，单击“确定”按钮，确认选择对象。

图 1-29 选择魔方实体

2. 对魔方实体进行着色

步骤：单击“视图”选项卡的“可视化”工具条中的“编辑对象显示”按钮，弹出“编辑对象显示”对话框，如图 1-30 所示。单击“常规”选项卡中“基本符号”选项区域中的“颜色”选项，弹出“颜色”对话框，如图 1-31 所示，在“收藏夹”选项区域中选择“白色”选项。单击“确定”按钮，完成魔方实体着色，如图 1-32 所示。

图 1-30　“编辑对象显示”对话框

图 1-31　“颜色”对话框

图 1-32　完成魔方实体着白色

3. 对魔方的 6 个表面进行着色

步骤 1：按<F8>键，在绘图区将魔方实体放平。执行“类选择”菜单命令，在弹出的“类选择”对话框中单击“类型过滤器”按钮，弹出“按类型选择”对话框，如图 1-33 所示。在“按类型选择”对话框中选择“面”选项，单击“确定”按钮。

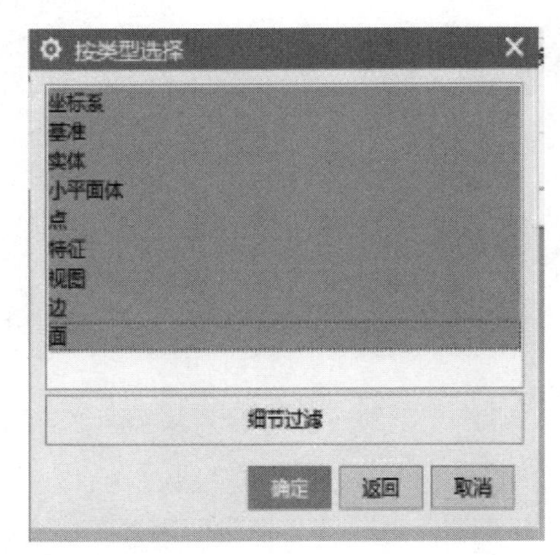

图 1-33　“按类型选择”对话框

步骤 2：在绘图区对要着色的面进行框选，单击“确定”按钮。在“编辑对象显示”对话框中选择“颜色”选项，在弹出的“颜色”对话框中为魔方的一个表面选择颜色（实例中选择的是红色），单击“确定”按钮，完成单面着色，如图 1-34 所示。

重复步骤 2 的操作，对魔方其余的 5 个面进行着色，结果如图 1-35 所示，消除参数并保存。

操作时需要注意以下几点：

1）为了方便着色，需要调整魔方实体的空间位置，按鼠标中键并移动光标，实现对魔方的旋转。在旋转过程中可以先设置旋转点（在绘图区空白处右击，在弹出的快速功能选择菜单中选择“设置旋转参考”命令），防止目标体的旋转点出现乱动的情况。

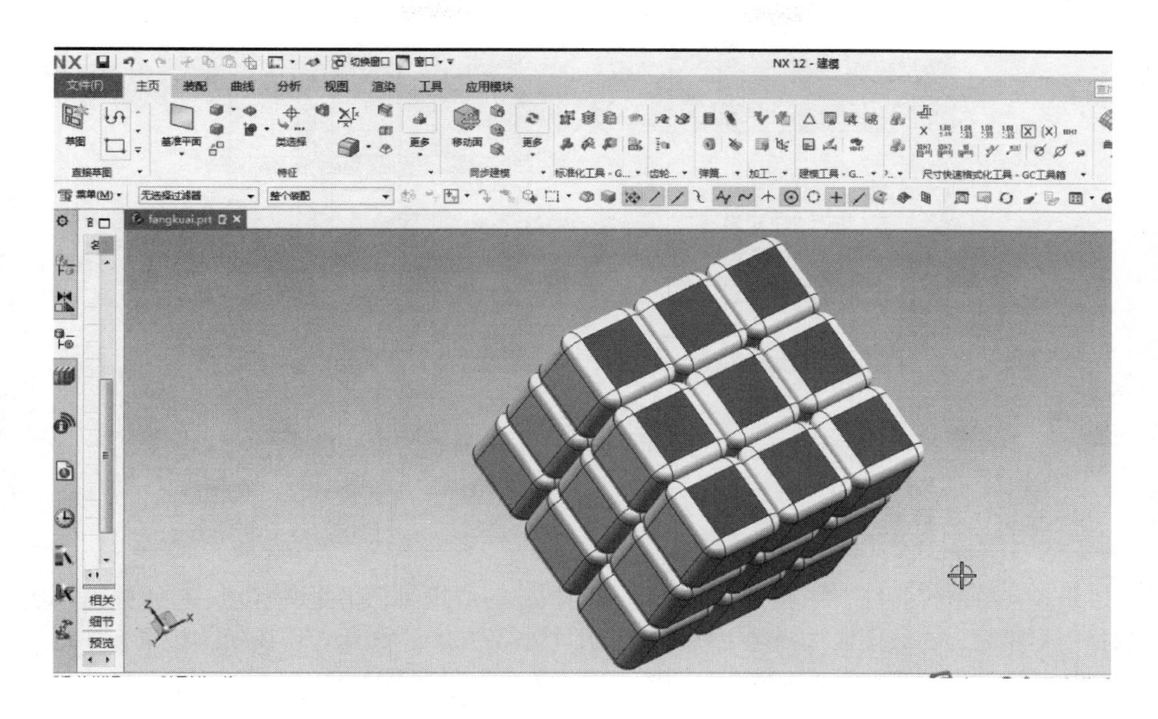

图 1-34　完成单面着色

图 1-35　完成其余 5 个面的着色

2）在着色时，可以先按<F8>键把魔方实体放平，然后框选要着色的平面形成的积聚线，完成对魔方实体同一表面上的小平面的选择操作，如图 1-36 所示。

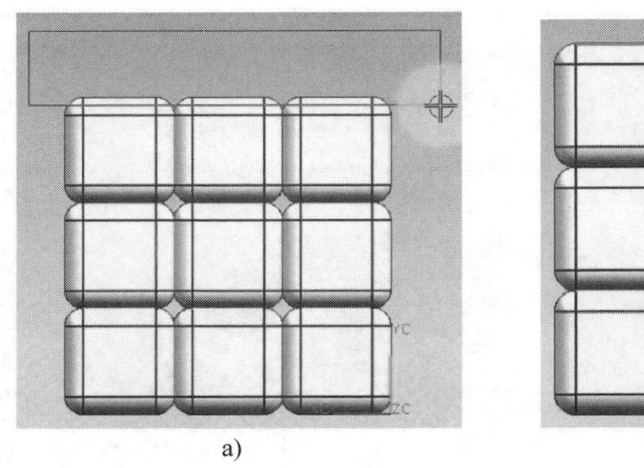
a)

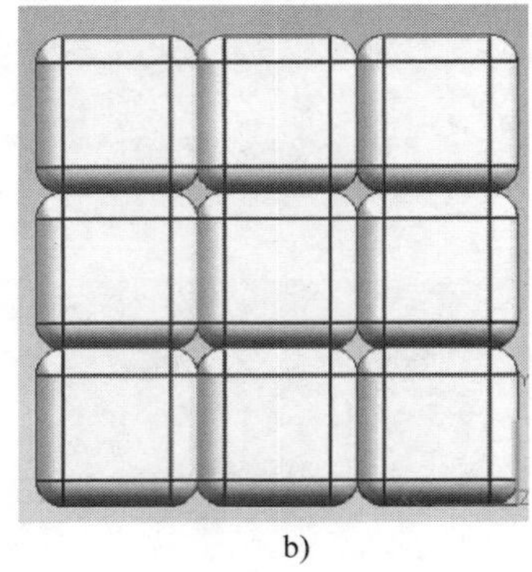
b)

图 1-36　选择同一表面上的小平面快捷方式

4. 查看、旋转魔方

（1）“隐藏”命令

步骤：单击“特征”工具条上的“隐藏”按钮，或按组合快捷键<Ctrl+B>，弹出“类选择”对话框，在绘图区选择魔方实体中的几个小正方体，如图 1-37 所示，按鼠标中键确定选择，被选中的几个小正方体在绘图区被隐藏了，如图 1-38 所示。

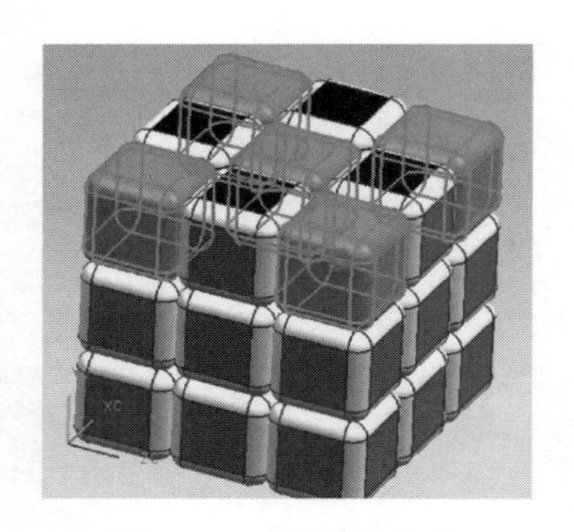
图 1-37　选择小正方体

图 1-38　隐藏小正方体

在以后的设计过程中，经常会遇到视线被一些物体阻挡的情况，可以运用“隐藏”命令把阻挡视线或暂时不需要显现出来的物体隐藏，方便下一步的操作。

（2）“反转”命令

步骤：如果我们只想保留图 1-38 所示的小正方体为可视状态，那么可以先运用“隐藏”命令，选择上层 5 个小正方体，再运用“反转”命令，即可实现。

（3）“旋转”命令

步骤：单击“实用工具”工具条中的“移动对象”按钮，在对话框中单击“选择对象”按钮，在绘图区选择需要旋转的小正方体，如图 1-39 所示，在“移动对象”对话框中的“变换”选项区域中设置“指定矢量”为沿垂直于旋转面方向，设置“指定轴点”为旋转层表面中心位置，在“角度”列表框中选择 90，如图 1-40 所示，单击“确定”按钮，实现对所选层面的旋转，如图 1-41 所示。

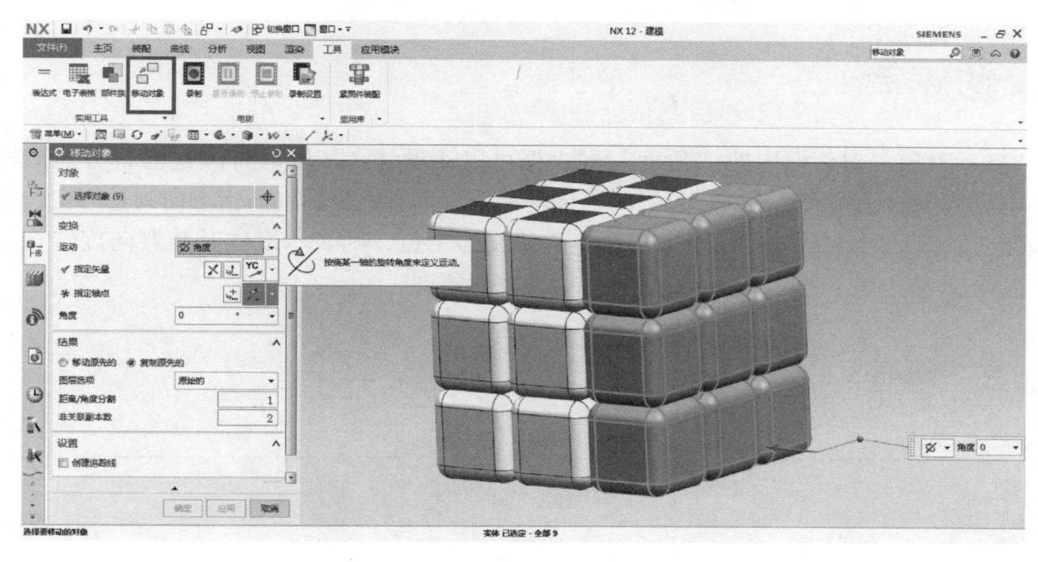

图 1-39　选择旋转对象

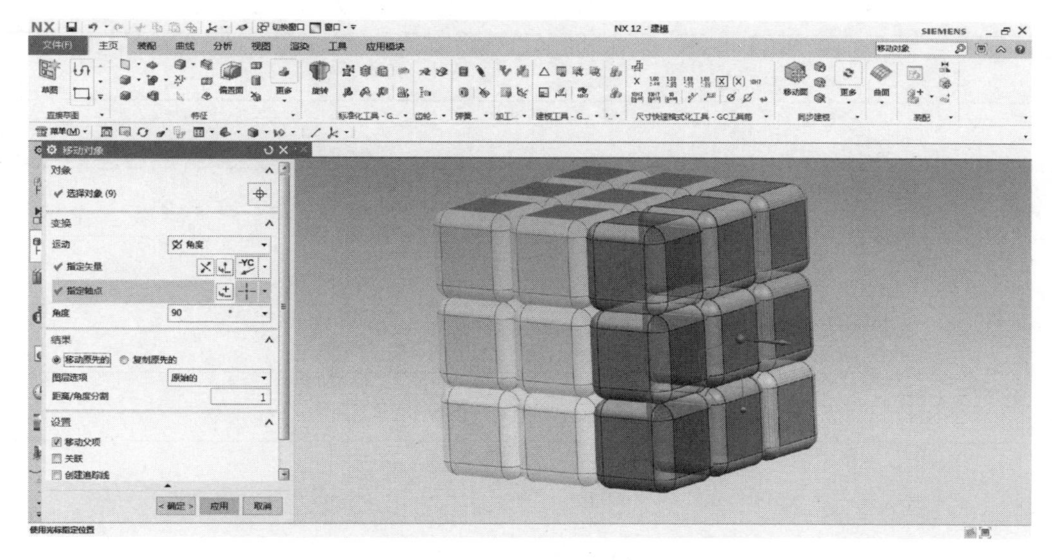

图 1-40　设置旋转角度

图 1-41　绕点旋转

“转动对象”对话框中的“角度”列表框可以让设计者按顺时针或逆时针方向旋转物体，即以选定的平面为基准面，以当时与该基准面相垂直的坐标轴所指方向为正方向，使物体按顺时针或逆时针方向转过一定角度。若角度为正值，则表示沿顺时针方向旋转相应角度；若角度为负值，则表示沿逆时针方向旋转相应角度。

学习随笔

项目二　UG NX 12.0 操作能力再提升——西瓜

项目目标

1. 掌握“编辑对象显示”“变换”“隐藏”“反转”“取消隐藏部件中的所有对象”“设置旋转点”命令的操作方法。

2. 学习“椭圆”“基本曲线”“旋转”“偏置曲线”“分割面”“删除体”命令的操作方法。

3. 能运用“WCS 方向”“旋转 WCS”命令绕固定轴旋转模型。

任务一　创建椭圆体

任务目标

学习并掌握“椭圆”“直线”“旋转”命令的操作方法。

任务描述

建立图 2-1 所示的椭圆体，要求短半轴为 40mm，长半轴为 50mm。

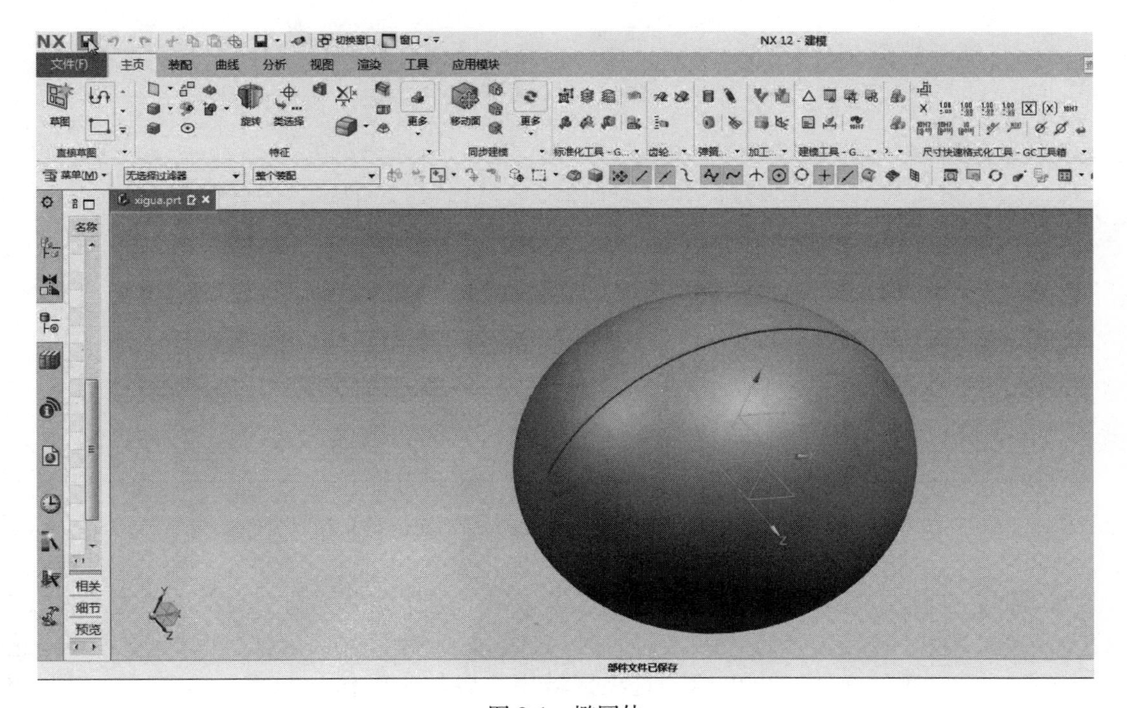

图 2-1　椭圆体

任务实施

1. 绘制椭圆曲线

步骤 1：双击桌面快捷图标，进入 UG NX 12.0 软件用户界面。在 UG NX 12.0 软件用户界面中执行“文件”→“新建”菜单命令，或在“标准”工具条中单击“新建”按钮 新建，弹出“新建”对话框。

步骤 2：在“新建”对话框的“模型”选项卡中选择“模型”模版，在“名称”文本框中，输入文件名称“xigua”，确定文件保存在 C 盘 temp 文件夹中，单击“确定”按钮，完成新建文件的操作。

步骤 3：按组合快捷键<Ctrl+R>，弹出“用户界面首选项”对话框，选择“角色”命令，在“操作”选项区域中单击“加载角色”按钮，在文件夹中选择“xigua. mtx”文件，单击“确定”按钮，完成角色加载的操作。

步骤 4：按住鼠标中键旋转空间坐标系，使 Z 轴正方向指向操作者。按<F8>键，单击“特征”工具条中的“椭圆”按钮，或执行“插入”→“曲线”→“椭圆”菜单命令 椭圆，如图 2-2 所示。

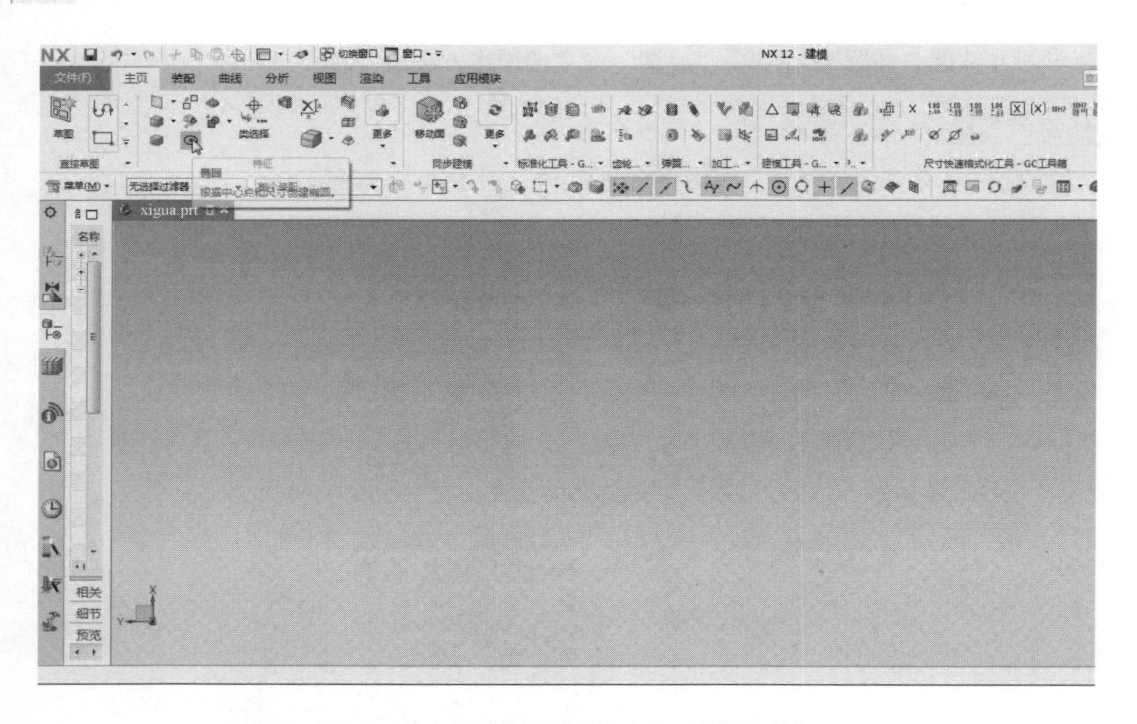

图 2-2 单击“特征”工具条上的“椭圆”按钮

步骤 5：在绘制椭圆之前，先要在绘图区设定一个点作为椭圆的中心点。单击“曲线”工具条中的“点”按钮，弹出“点”对话框，如图 2-3 所示，在“点位置”选项区域中选择“点”对象选项，在“输出坐标”选项区域中将各轴坐轴值都归零，单击“确定”按钮，即将坐标原点设定为椭圆中心点，如图 2-4 所示。

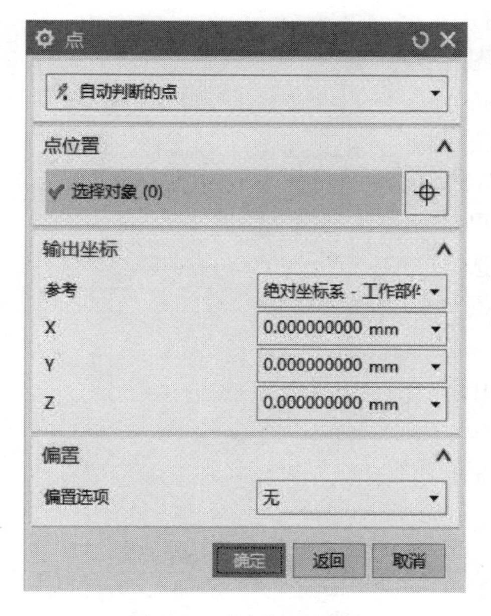

图 2-3　“点”对话框

图 2-4　将坐标原点设定为椭圆中心点

步骤 6：在图 2-5 所示的“椭圆”对话框中设置椭圆的长半轴为 50mm，短半轴为 40mm，起始角为 0°，终止角为 180°，单击“确定”按钮，结果如图 2-6 所示。

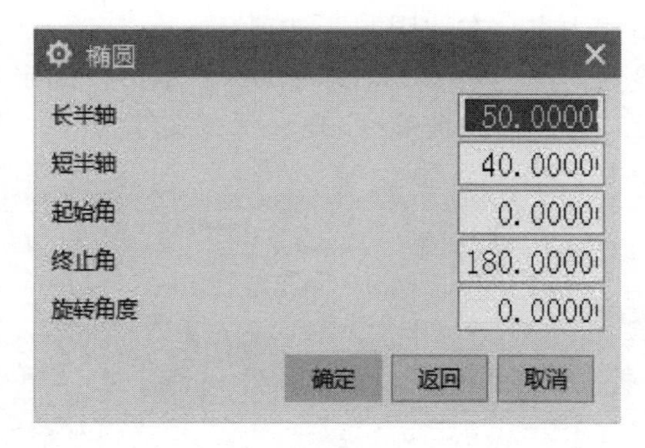

图 2-5　“椭圆”对话框

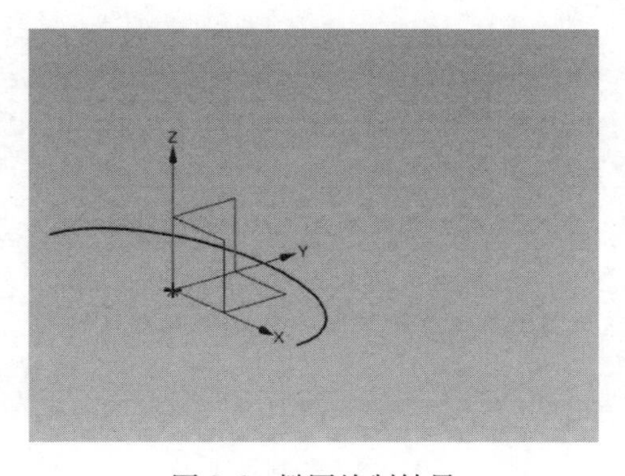

图 2-6　椭圆绘制结果

步骤 7：单击“曲线”工具条中的“直线”按钮，弹出“直线”对话框，如图 2-7 所示，在绘图区指定“点 1”和“点 2”为起点和终点绘制一条直线，如图 2-8 所示。单击“应用”按钮完成直线的绘制，单击“确定”，关闭“直线”对话框。单击“特征”工具条中的“移除参数”按钮，在弹出的对话框中单击“选择对象”按钮，在绘图区框选椭圆曲线，单击“确定”按钮，完成移除参数的操作结果，如图 2-9 所示。

图 2-7 “直线”对话框

需要注意的是，在“椭圆”对话框中，“终止角”不能设置为 360°，因为后面要用到“旋转”命令对椭圆曲线进行旋转，所以本步骤只需要画出半个椭圆曲线即可。

2. 创建椭圆体

步骤：单击“特征”工具条上的“旋转”按钮 旋转，弹出“旋转”对话框，如图 2-10 所示，在“截面线”选项区域中选择图 2-11 所示绘图区中的曲线，在“轴”选项区域中设置“指定矢量”为 XC 方向，“指定点”为直线中点。在“限制”选项区域中设置“开始”角度为 0°，“结束”角度为 360°，单击“确定”按钮，完成椭圆体的创建，结果如图 2-12 所示。按组合快捷键<Ctrl+S>保存文件。

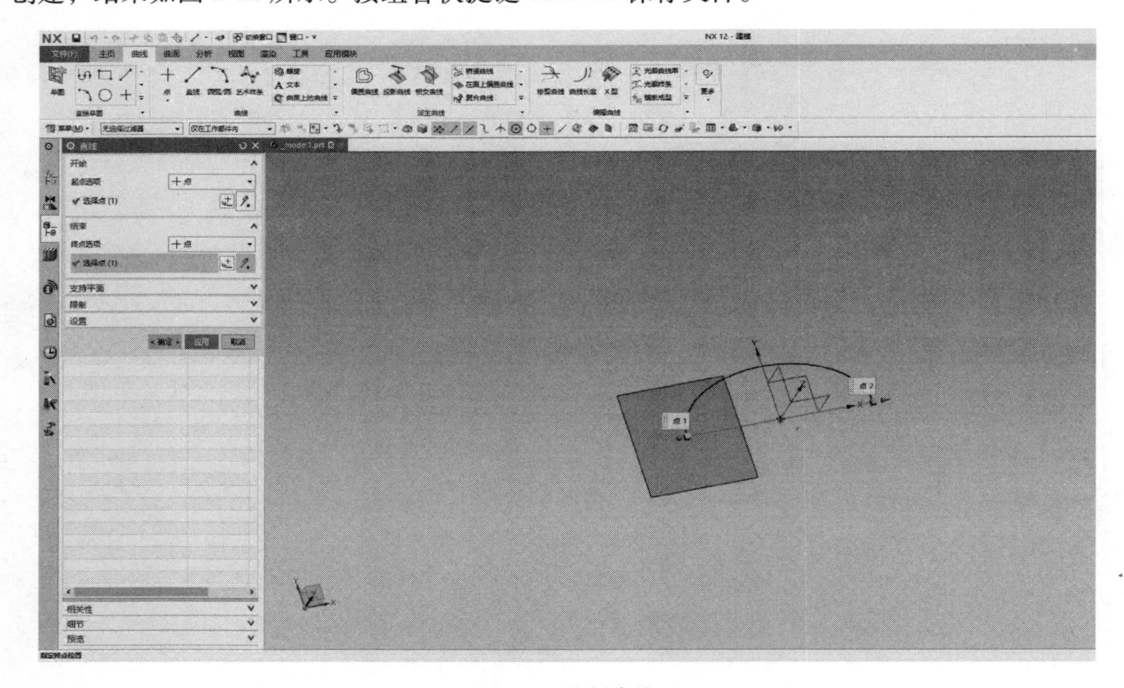

图 2-8 绘制直线

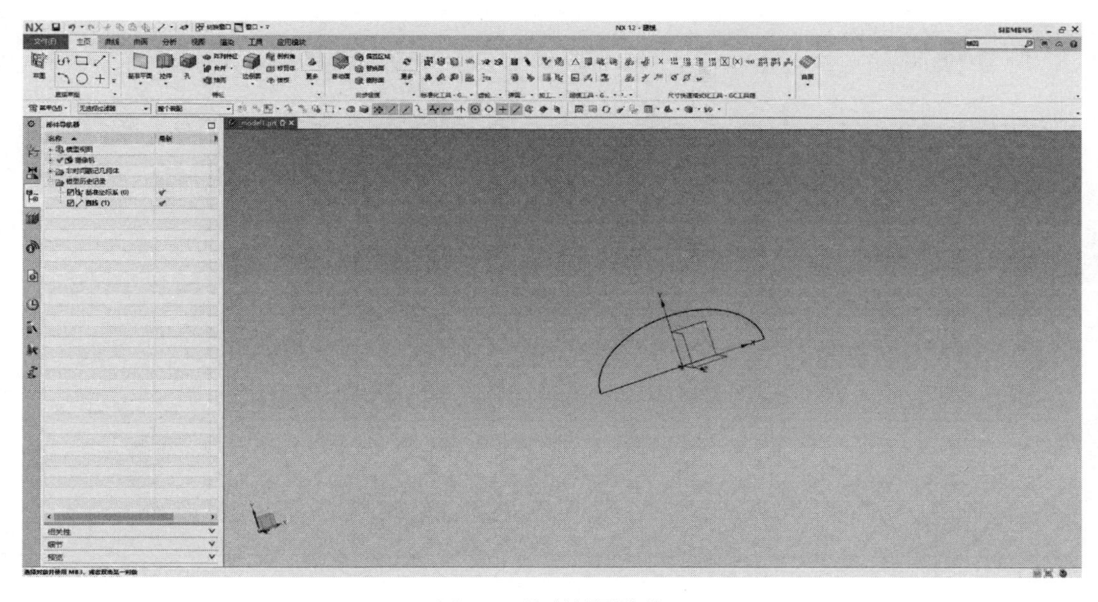

图 2-9　绘制椭圆曲线

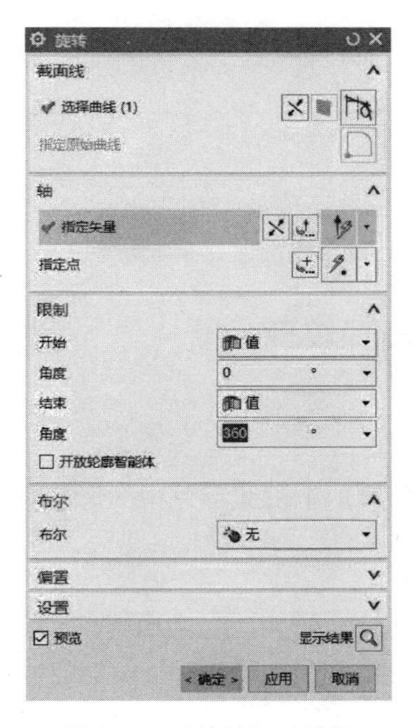

图 2-10　“旋转”对话框

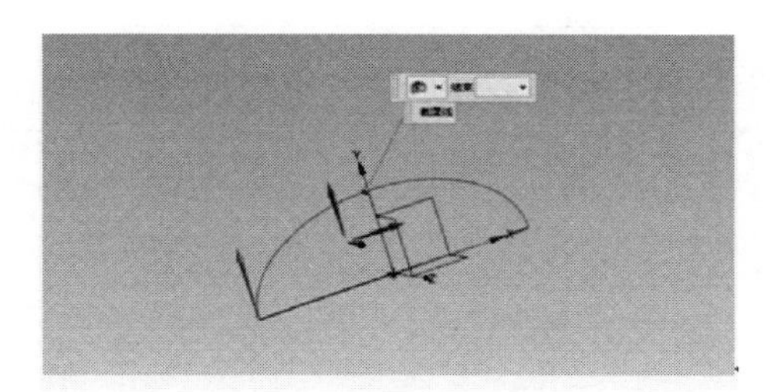

图 2-11　选择截面线

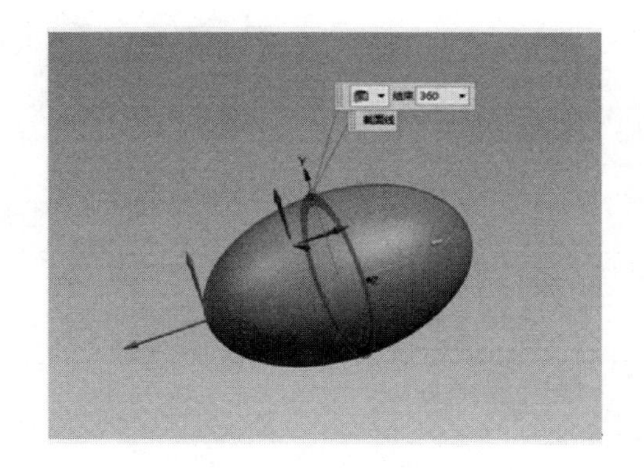

图 2-12　创建椭圆体

需要注意的是，使用“旋转”命令时，在“截面线”选项区域确定的选取对象是被旋转的曲线，在“轴”选项区域确定的选取对象是旋转轴，绘制椭圆体时，不能选错。

心得体会

本任务主要介绍了“椭圆”“直线”“旋转”命令的运用。需要注意的是，绘制椭圆曲线的起始角度与终止角度的设置，以及在“旋转”命令中需要确定旋转轴。

学习随笔

任务二　绘制椭圆体表面纹理

任务目标

1. 掌握“编辑对象显示”“变换”“隐藏”“反转”“取消隐藏部件中的所有对象”命令的操作方法。

2. 掌握“偏置曲线”“分割面”命令，并熟练运用。

任务描述

为椭圆体表面绘制纹理，效果图 2-13 所示。

任务实施

1. 绘制椭圆体表面上的线

步骤 1：打开项目二任务一创建的“xigua. prt”文件。

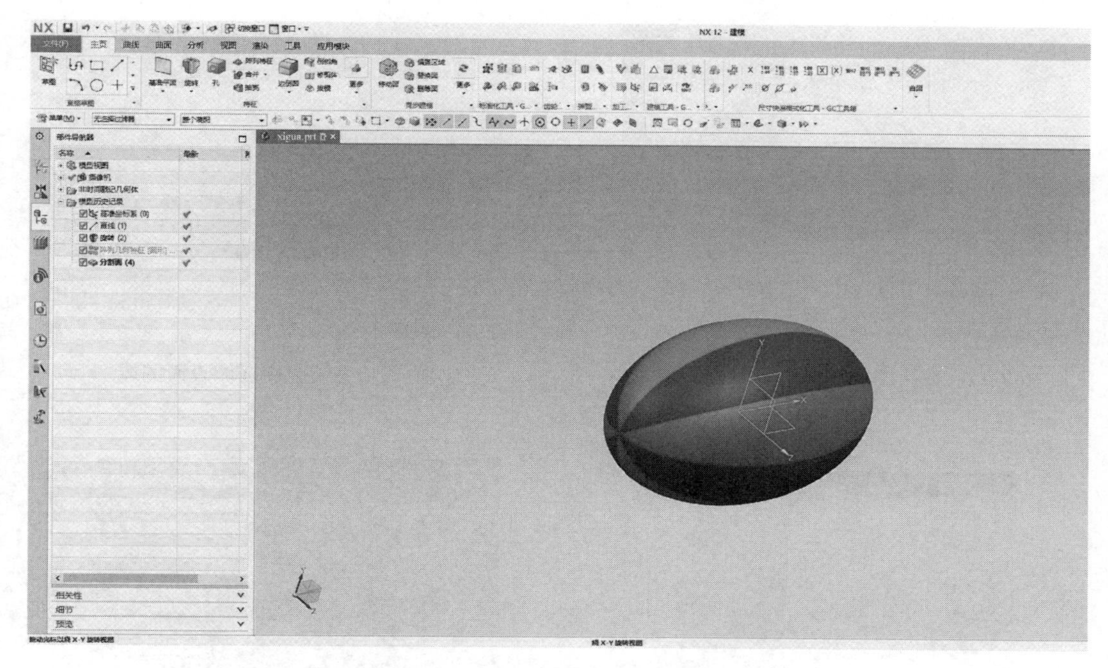

图 2-13　绘制椭圆体表面纹理

步骤 2：单击“特征”工具条中的“阵列特征”按钮 阵列特征 ，弹出“阵列几何特征”对话框，如图 2-14 所示。在“要形成阵列的几何特征”选项区域设置选择对象，在绘图区单击椭圆体上的曲线，如图 2-15 所示。在“阵列定义”选项区域中，设置“布局”为圆形布局，在“旋转轴”选项区域设置“指定矢量”为 XC 方向，“指定点”为椭圆体中心，在“斜角方向”选项区域设置“间距”为数量和间隔，“数量”为 8，“节距角”为 45°。单击“确定”按钮，完成椭圆体表面线的绘制，结果如图 2-16 所示。移除参数并保存。

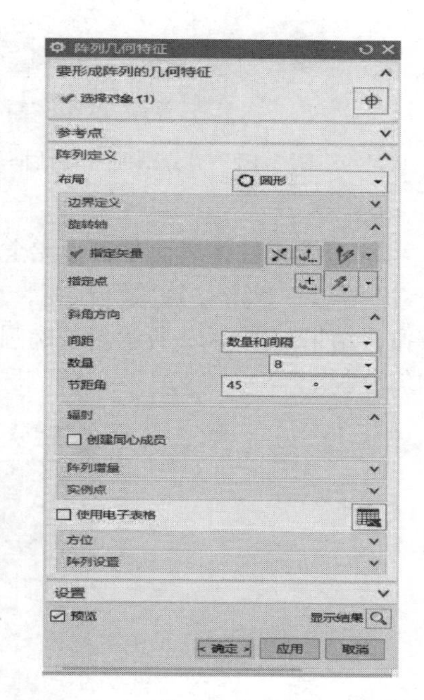

图 2-14　“阵列几何特征”对话框

需要注意的是，本任务中在“阵列几何特征”对话框的“节距角”文本框中输入 45°是因为需要把椭圆体表面均匀分成 8 份，如果想分成其他份数，要对输入角度重新进行计算。

2. 分割椭圆体表面

步骤：单击“特征”工具条中的“分割面”按钮，弹出“分割面”对话框，如图 2-17 所示，在“要分割的面”选项区域单击“选择面（1）”按钮，在绘图区单击椭圆体表面，在“分割对象”选项区域单击“选择对象”按钮，在绘图区选择 8 条椭圆曲线，单击“确定”按钮，完成按曲线分割椭圆体表面的操作，结果如图 2-18 所示。移除参数并保存。

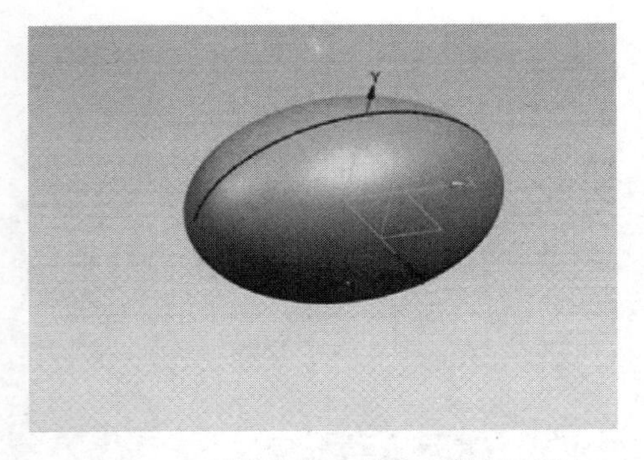

图 2-15　在绘图区选择阵列特征对象

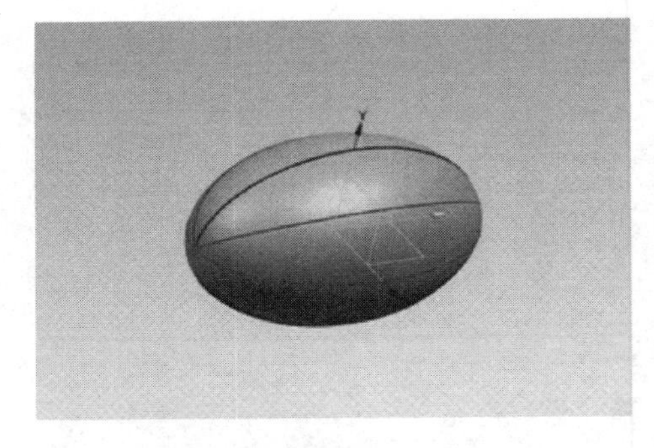

图 2-16　绘制椭圆体表面的线

图 2-17　“分割面”对话框

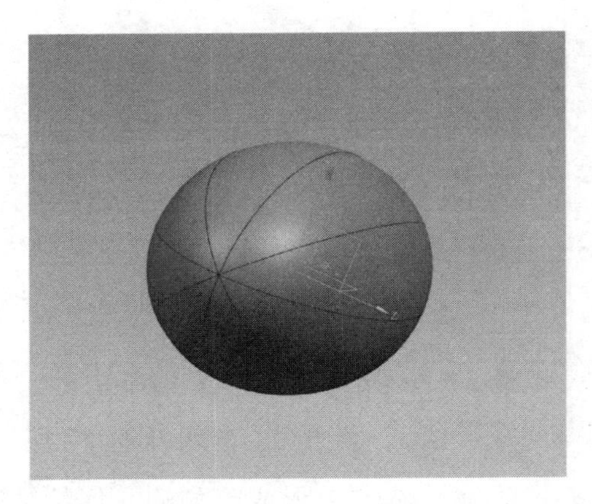

图 2-18　按曲线分割椭圆体表面

3. 查看椭圆体表面是否被完全均匀分割

步骤 1：单击“隐藏”按钮，在绘图区选择椭圆体按鼠标中键确定选择。单击“反转”按钮，结果如图 2-19 所示。若椭圆体表面上均匀分布着黑色曲线，则表明椭圆体表面已被均匀分割。

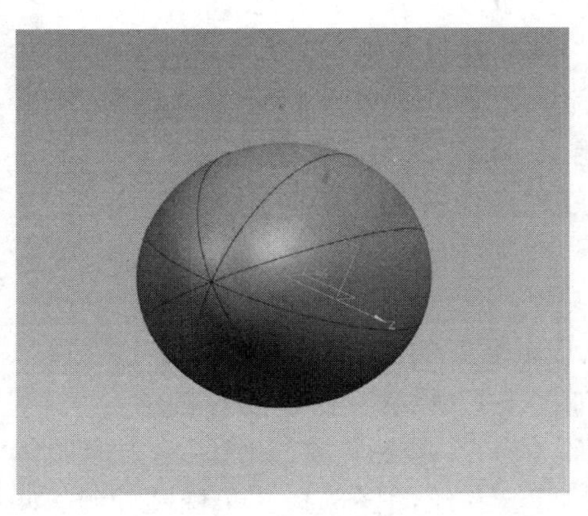

图 2-19　查看椭圆体表面

步骤 2：单击“反转”按钮，绘图区只呈现椭圆体表面上均匀分布着的黑色曲线，单击“删除”按钮在绘图区框选所有椭圆曲线，按鼠标中键确定选择。单击“取消隐藏部件中的所有对象”按钮。

4. 椭圆球体的着色

步骤 1：执行“类选择”菜单命令，在弹出的“类选择”对话框中单击“过滤器”选项区域的“类型过滤器”按钮，弹出“按类型选择”对话框，如图 2-20 所示，在列表框中选择“面”选项，单击“确定”按钮。

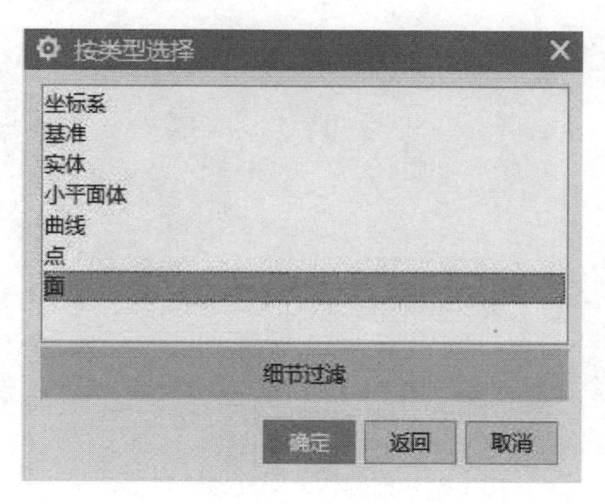

图 2-20　选择“面”选项

步骤 2：在绘图区选择要着色的一个面，单击“确定”按钮。在“编辑对象显示”对话框中选择“颜色”选项，在弹出的“颜色”对话框中选择适当颜色，如图 2-21 所示，单击“确定”按钮，完成 4 个面的着色，结果如图 2-22 所示。重复以上步骤，完成其余 4 个面的着色。椭圆体表面纹理绘制结果如图 2-23 所示，至此，西瓜实体模型创建完成。移除参数并保存。

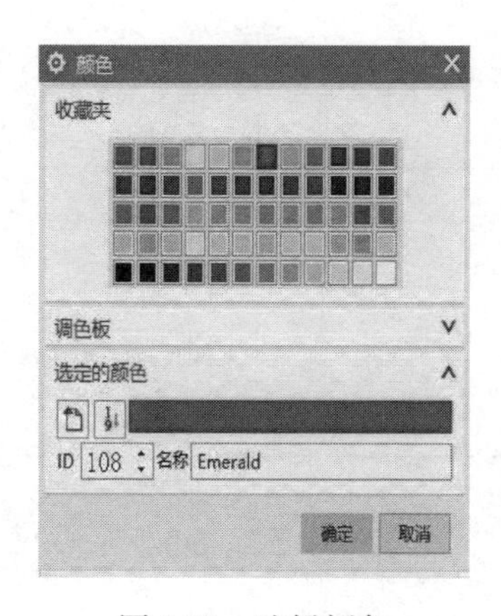

图 2-21　选择颜色

图 2-22　椭圆体 4 个面的着色结果

需要注意的是，由于西瓜表面的颜色应该是绿色条纹与黑色条纹相间，所以在选择同一个颜色的着色面时要间隔选择。完成一次着色后，还要对其余的表面进行着色。

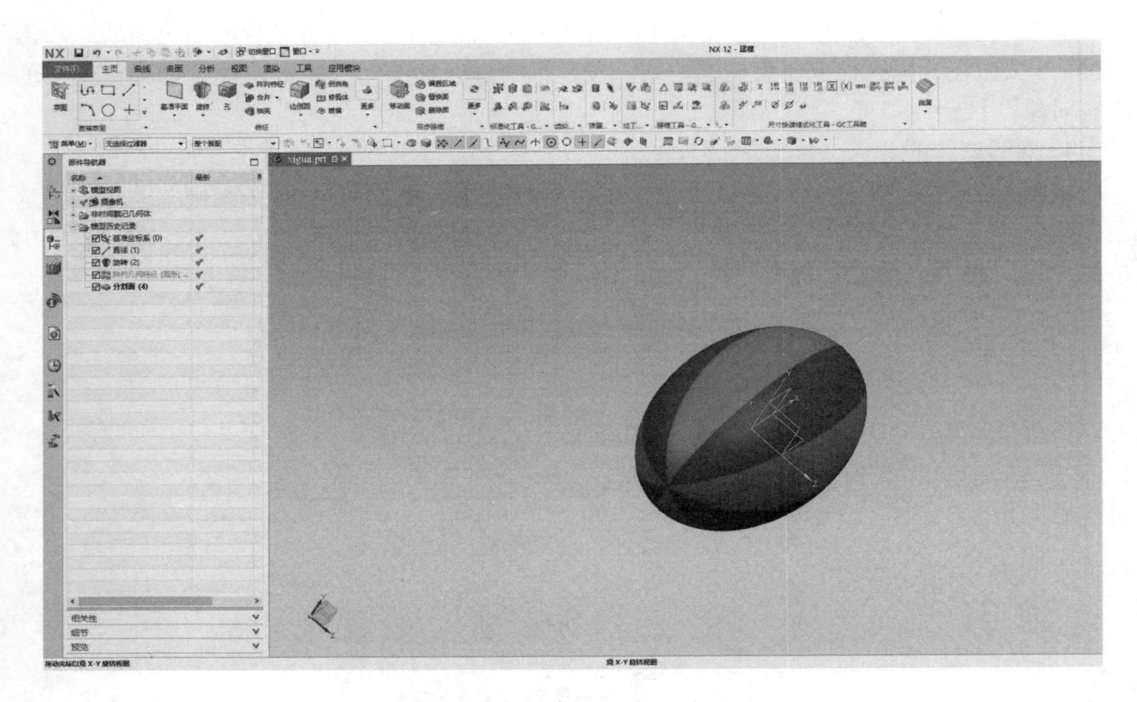

图 2-23 椭圆体表面纹理绘制结果

心得体会

运用所学 UG NX 12.0 软件命令对西瓜外形进行建模，不仅需要熟练操作软件命令，还需要抓住西瓜外形的特点，并发挥一定的想象与设计能力。

学习随笔

任务三　分割椭圆体

任务目标

1. 熟练运用“编辑对象显示”“变换”“设置旋转参考”命令。
2. 学习“WCS 方向”“旋转 WCS”命令的操作方法。

任务描述

对项目二任务二创建的西瓜实体模型进行分割处理，效果如图 2-24 所示。

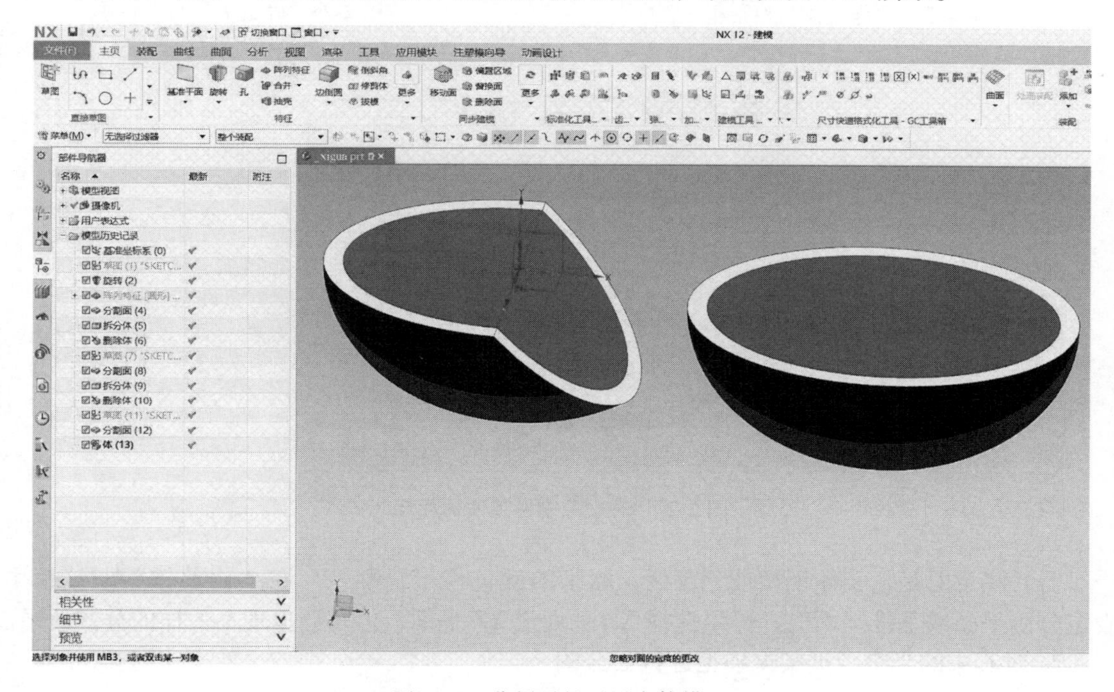

图 2-24　分割后的西瓜实体模型

任务实施

1. 对半分割西瓜实体模型

步骤 1：打开项目二任务二创建的“xigua. prt”文件。

步骤 2：在绘图区空白区域右击，弹出快速功能选择菜单，选择“设置旋转参考”命令，在绘图区的椭圆体的任意位置上单击，单击“特征”工具条中的“修剪体”命令，弹出“修剪体”对话框，如图 2-25 所示。在“目标”选项区域设置“选择体（1）”为西瓜实体，按鼠标中键确认选择，设置“工具选项”为“面或平面”，在绘图区单击 XY 平面为工具面，如图 2-26 所示，单击“确定”按钮完成西瓜实体模型的对半分割，如图 2-27 所示。移除参数并保存。

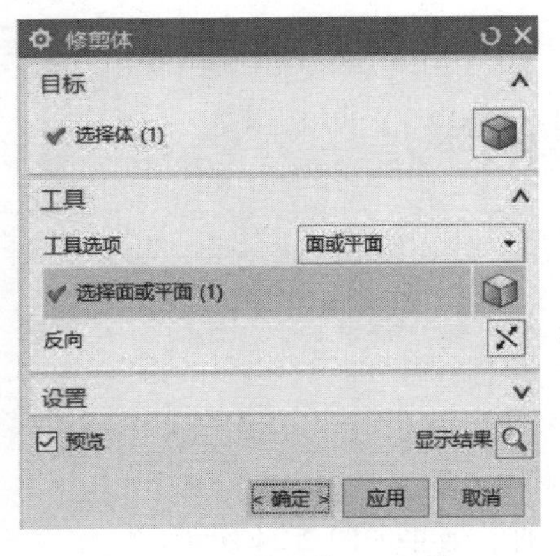

图 2-25　“修剪体”对话框

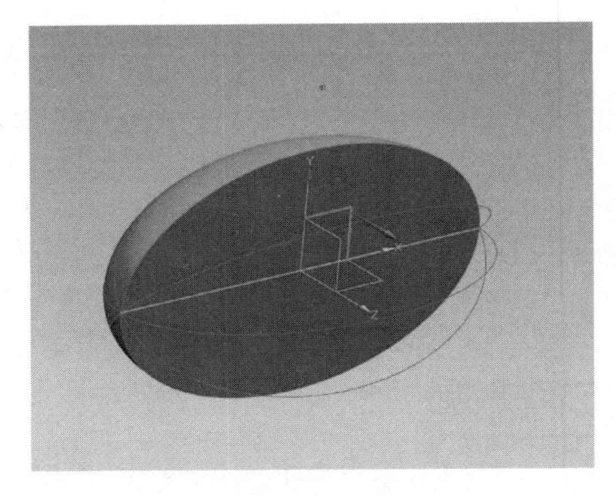

图 2-26　确定工具面

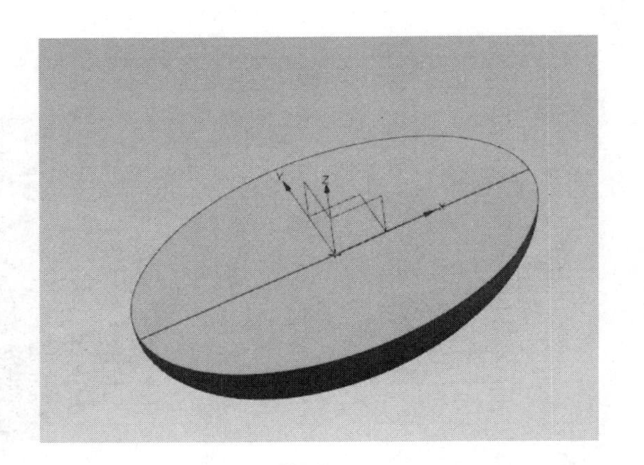

图 2-27　对半分割西瓜实体模型

需要注意的是，实体模型被分割后，原来的颜色将不复存在。在“修剪体”对话框中设定分割平面或基准平面时，可以选择 XZ 平面或 YZ 平面，但是会出现不一样的分割效果。

2. 对其中的半个西瓜实体模型进行面分割

步骤 1：单击“曲线”选项卡的“派生曲线”工具条中的“偏置曲线”按钮，弹出“偏置曲线”对话框，如图 2-28 所示。在“偏置类型”选项区域选择“距离”选项，在“曲线”选项区域选择“选择曲线”选项，在绘图区单击西瓜实体模型剖面上的椭圆曲线，设置“偏置”选项区域的“距离”为-5mm，“副本数”为 1，在“设置”选项区域中，选中“关联”复选框，设置“输入曲线”为“保留”，“修剪”为“相切延伸”，“距离公差”为 0.0010mm，单击“确定”按钮，结果如图 2-29 所示。移除参数并保存。

需要注意的是，在图 2-29 所示的椭圆体剖面上出现了“箭头”，它表示的是选定的椭圆曲线的偏置方向，即向外偏置或向内偏置。若“箭头”背向实体模型，表示外偏置，而需要的是将曲线向内偏置，可以在“偏置曲线”对话框的“距离”文本框中输入“-5”或选择“反向”选项即可，如图 2-30 所示。

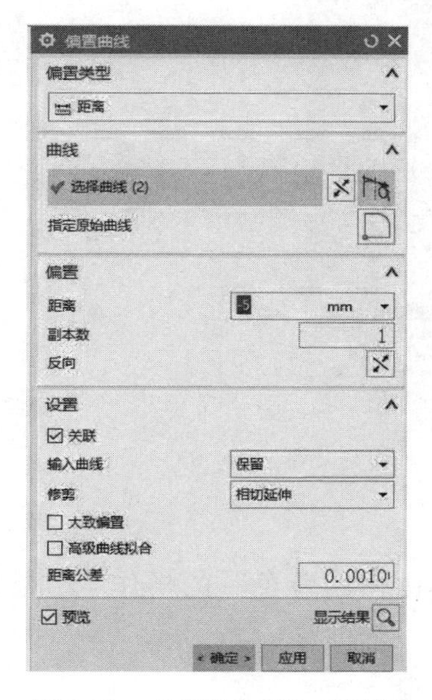

图 2-28　“偏置曲线”对话框

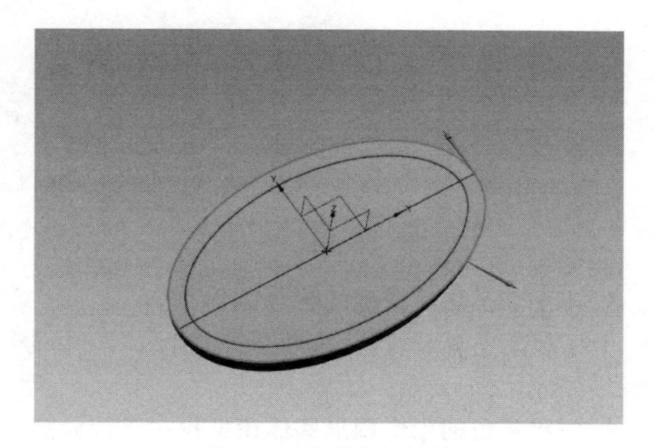

图 2-29　曲线偏置结果

步骤 2：单击“特征”工具条中的“分割面”按钮，弹出“分割面”对话框，如图 2-31 所示，在“要分割的面”选项区域中选择“选择面（5）”选项，在绘图区单击西瓜实体模型的剖面，在“分割对象”选项区域中，设置“工具选项”为“对象”，在绘图区单击步骤 1 偏置的曲线，单击“确定”按钮，完成面分割，结果如图 2-32 所示。完成移除参数并删除偏置的曲线操作后，保存文件。

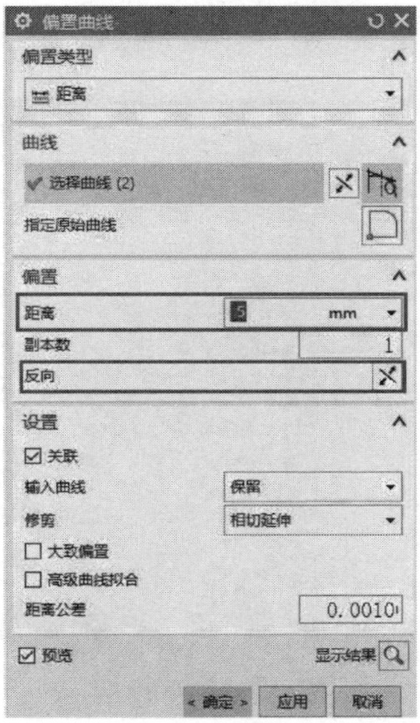

图 2-30　设置偏置方向

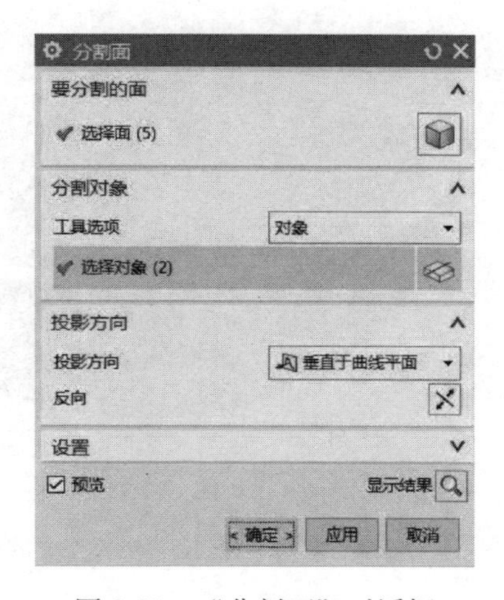

图 2-31　“分割面”对话框

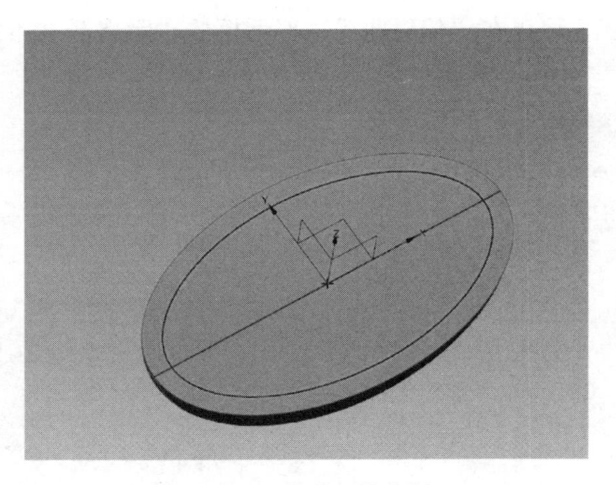

图 2-32　完成面的分割

3. 半个西瓜实体模型的着色

步骤参照“本项目任务二 创建椭圆体”中的“4. 椭圆体的着色”的操作。结果如图 2-33 所示。

4. 对已着色的半个西瓜实体模型再次进行分割

步骤 1：单击“工具”选项卡的“实用工具”工具条中的“移动对象”按钮，弹出“移动对象”对话框，如图 2-34 所示，在“对象”选项区域中选择“选择对象（1）”选项，在绘图区单击半个西瓜实体模型，在“变换”选项区域中选择“指定方位”选项，在绘图区单击 XC 方向，在弹出的菜单中设置 X 值为 106，Y 值为 0，Z 值为-7.5，如图 2-35 所示。在“移动对象”对话框的“结果”选项区域中，选中“复制原先的”复选框，设置“图层选项”为“原始的”，“非关联副本数”为 1，单击“确定”按钮，完成半个西瓜实体模型的复制和平移，结果如图 2-36 所示。

图 2-33　半个西瓜实体模型的着色结果

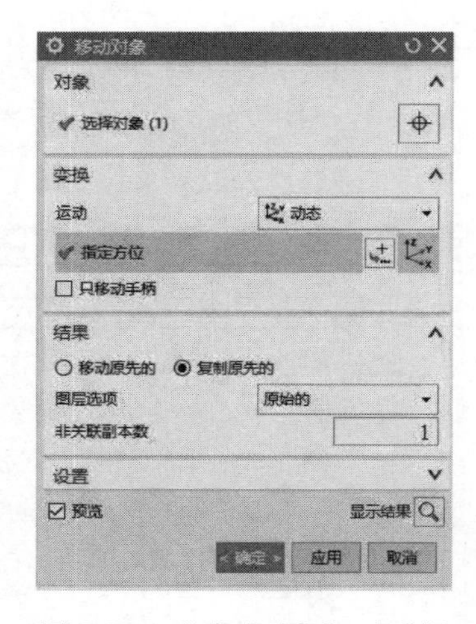

图 2-34　“移动对象”对话框

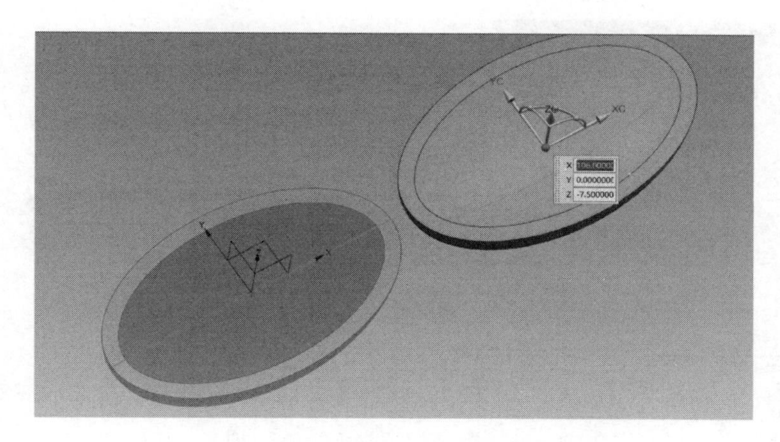

图 2-35　设置移动坐标值

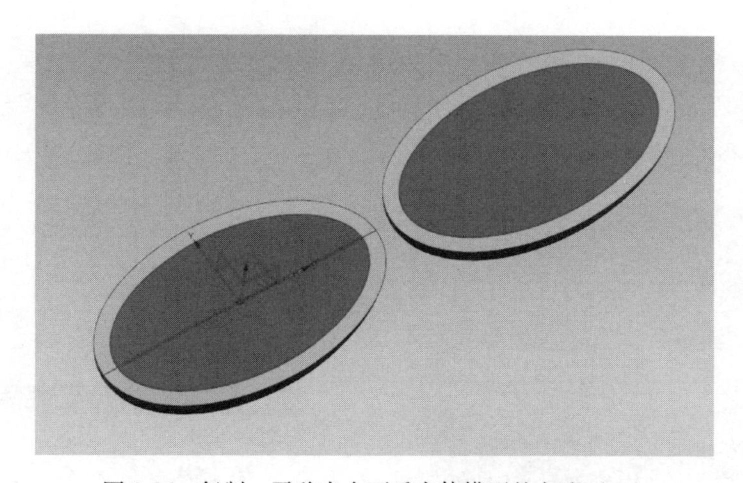

图 2-36　复制、平移半个西瓜实体模型的方法（一）

需要注意的是，复制、平移半个西瓜实体模型时也可采用图 2-37 所示方法，可在“移动对象”对话框的“变换”选项区域中，设置“运动”为“增量 XYZ”，“参考”为 WCS-工作部件在“XC”文本框中输入 6000，其他选项参数设置同步骤 1。

步骤 2：单击“特征”工具条中的“拆分体”按钮，弹出“拆分体”对话框，如图 2-38 所示。在“目标”选项区域中选择“选择体（1）”选项，在绘图区选择“特征”工具条中的复制的半个西瓜，在“工具”选项区域中，设置“工具选项”为“新建平面”选择“指定平面”选项，在绘图区选择西瓜剖面，设置新建平面与指定平面的夹角为 45°，如图 2-39 所示。单击“确定”按钮，单击“取消”按钮。此时，复制的半个西瓜实体模型就像被斜着切了一刀，可以把拆分的小块西瓜实体模型删除。

步骤 3：单击“特征”工具条中的“删除体”按钮，弹出“删除”体对话框，如图 2-40 所示。在“要删除的体”选项区域中，选择“选择要删除的体”选项，在绘图区选择要删除的西瓜实体模型，如图 2-41 所示。单击“确定”按钮，单击“取消”按钮。完成结果如图 2-42 所示。

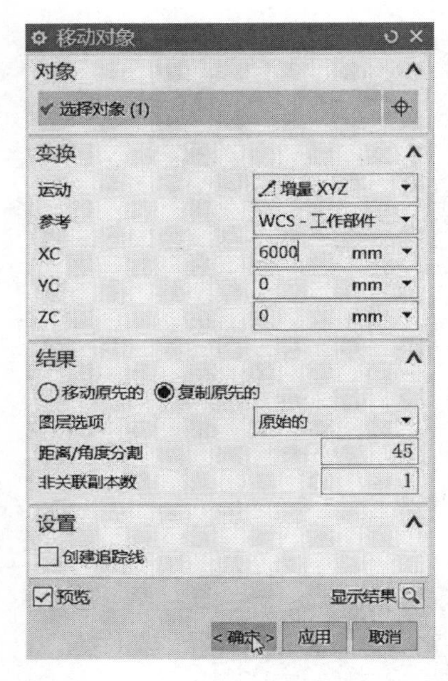

图 2-37 复制、平移半个西瓜实体模型的方法（二）

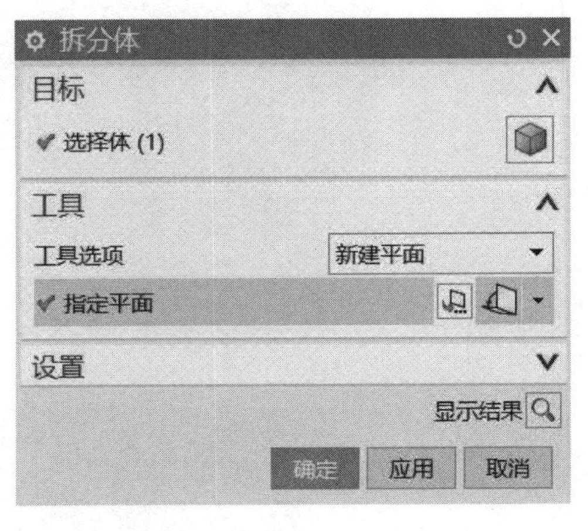

图 2-38 “拆分体”对话框

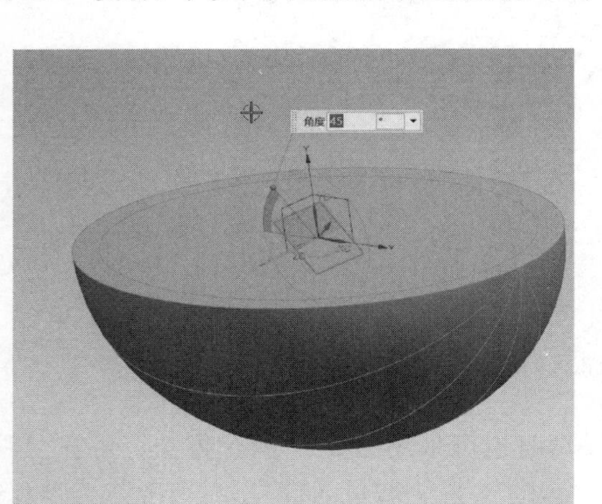

图 2-39 设置新建平面与指定平面的夹角

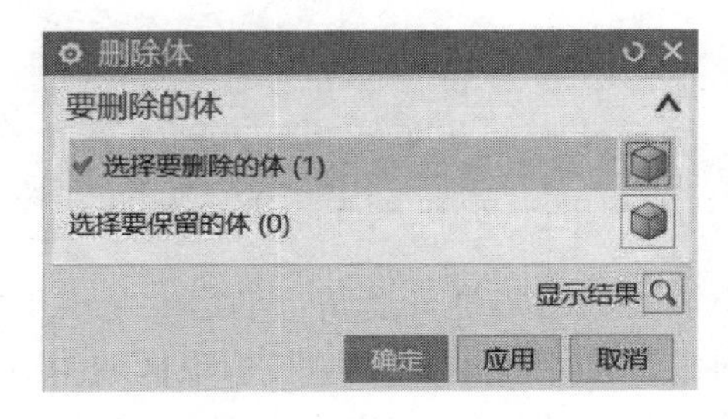

图 2-40 “删除体”对话框

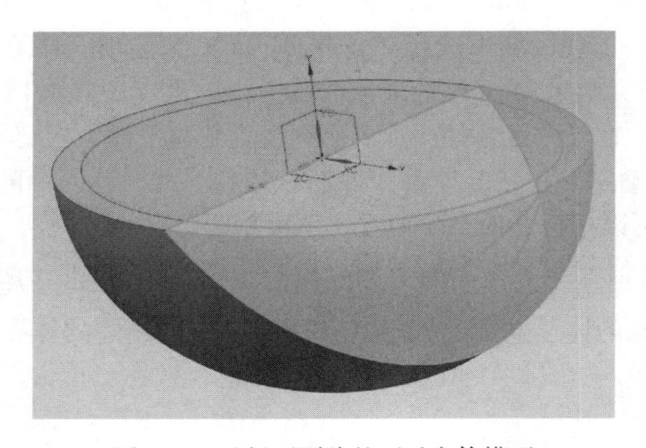

图 2-41 选择要删除的西瓜实体模型

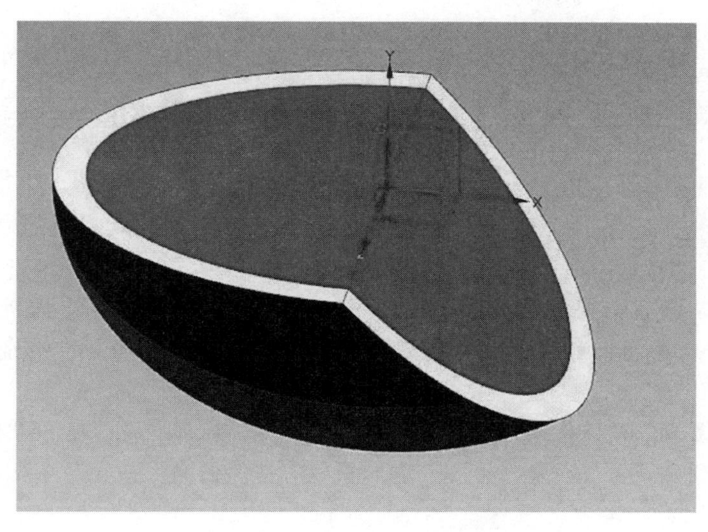

图 2-42　西瓜实体模型分割结果

心得体会

在学习和运用相关命令的同时，要树立变换的意识，这将对今后设计产生有很重要的影响，并能简化一些设计过程。

学习随笔

项目三　UG NX 12.0 操作能力进阶——储物柜

项目目标

1. 熟练运用“角色加载”“移除参数”“隐藏”“取消隐藏部件中的所有对象（全部显示）”“求和”“倒圆角”“编辑对象显示”“偏置曲线”“拉伸”“键盘 End（正等测试图）”命令。

2. 学习“偏置面”“替换面”“倒斜角”“圆柱”“矩形”“旋转”“分割面”“打孔”“移动至图层”“图层设置”“分割体”“基本曲线”“倒圆角”“管”“减去”“文本命令”命令的操作方法。

3. 重视坐标系相关命令的运用。

任务一　创 建 卡 扣

任务目标

初步学习并掌握“拆分体”“替换面”“倒斜角”“圆柱”“拉伸”“移动至图层”“图层设置”“边倒角”等命令。

任务描述

按图 3-1 所示结构，建立一个卡扣实体模型，其中底部两个圆片的直径为 ϕ70mm，厚度为 3mm；两个圆片中间有两个相互垂直的长度为 70mm，宽度为 10mm，厚度为 10mm 的长方体，长方体的端面为圆弧面；圆片上有 8 个高度为 30mm、厚度为 3mm 的长方体两两相交，并进行倒圆角、倒斜角的操作。

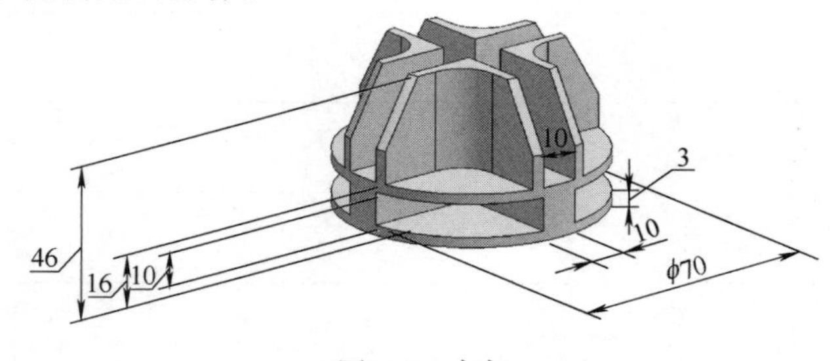

图 3-1　卡扣

任务实施

1. 新建文件

步骤 1：双击桌面快捷图标，进入 UG NX 12.0 软件用户界面。

步骤 2：在 UG NX 12.0 软件用户界面中执行“文件”→“新建”菜单命令或在“标准”工具条中单击“新建”按钮，弹出“新建”对话框。在“新建”对话框的“模型”选项卡中选择“模型”模版，在“名称”文本框中，输入文件名称“chuwugui”，单击“确定”按钮，完成新建文件的操作，如图 3-2 所示。

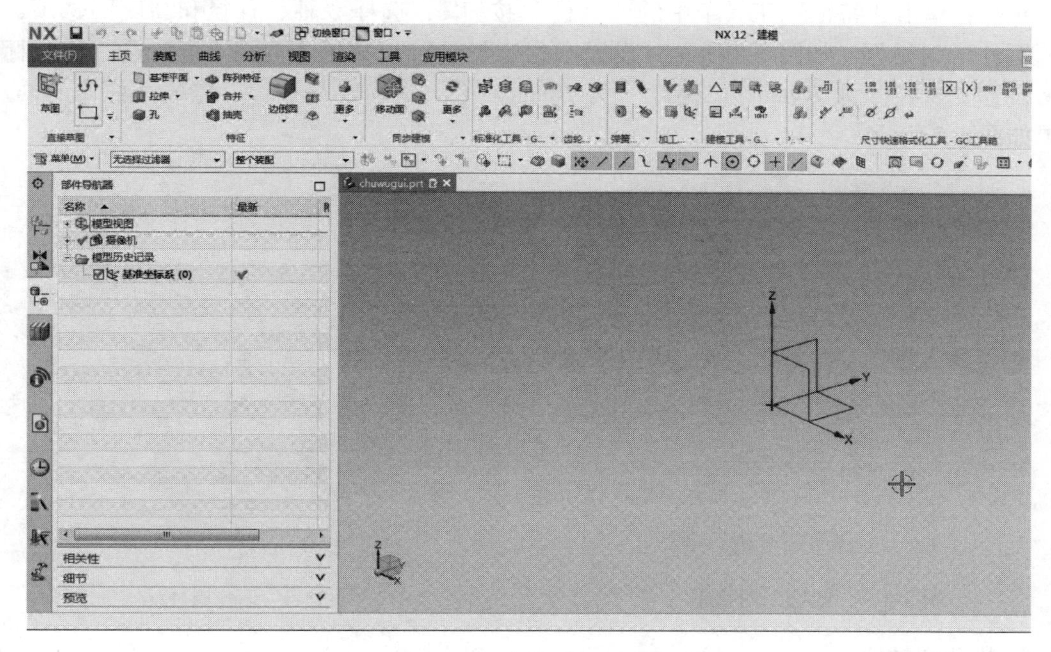

图 3-2　新建文件 chuwugui

2. 加载角色

步骤：按组合快捷键<Ctrl+R>，弹出“用户界面首选项”对话框，选择“角色”选项，在“操作”选项区域中单击“加载角色”按钮，在文件夹中选择“chuwugui. mtx”文件，单击“确定”按钮，完成角色加载的操作，如图 3-3 所示。

图 3-3　加载角色

3. 图层设置

步骤：单击“视图”选项卡的“可见性”工具条中的“图层设置”按钮，弹出“图层设置”对话框，在“工作层”文本框中输入100，单击“关闭”按钮，完成图层设置。

4. 创建圆柱体

步骤：单击“特征”工具条中的“圆柱”按钮，选择“轴、直径和高度”选项，弹出“圆柱”对话框，如图3-4所示，设置“指定矢量”为Z轴方向，“指定点”为坐标原点，设置“直径”为70mm，“高度”为16mm，单击“确定”按钮，完成圆柱体的创建，结果如图3-5所示。

图3-4 “圆柱”对话框

图3-5 创建圆柱体

5. 拆分圆柱体

步骤1：单击“特征”工具条中的“拆分体”按钮，弹出“拆分体”对话框，如图3-6所示，在“目标”选项区域中选择“选择体”选项，在绘图区单击圆柱体，设置“工具选项”为“新建平面”，选择“指定平面”选项，弹出“平面”对话框，如图3-7所示，选择“按某一距离”选项，设置“选择平面对象（1）”为圆柱体上表面，在“偏置”选项区域中设置“距离”为3mm，在“平面方位”选项区域选择“反向”选项，单击“确定”按钮，完成圆柱体的第一次拆分，结果如图3-8所示。移除参数并保存。

图3-6 “拆分体”对话框

图3-7 “平面”对话框

步骤 2：对圆柱体的下表面进行拆分，操作方法同“5. 拆分圆柱体”的步骤 1，结果如图 3-9 所示。移除参数并保存。

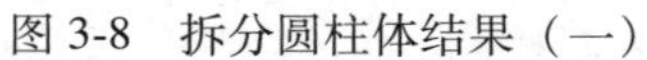
图 3-8　拆分圆柱体结果（一）

图 3-9　拆分圆柱体结果（二）

步骤 3：单击“隐藏”按钮，弹出“类选择”对话框，在绘图区选择分割后的圆柱体的上、下表面，单击“确定”按钮，将圆柱体的上、下拆分体隐藏。将中间的圆柱体旋转 90°，按<F8>键，使其位置如图 3-10 所示。

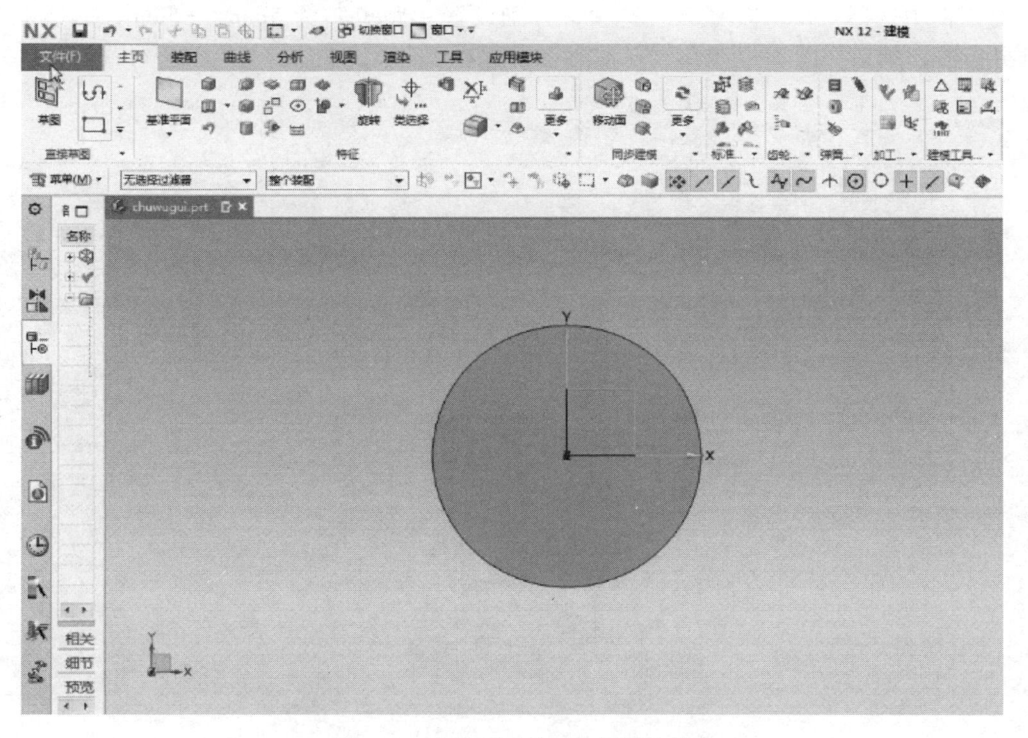

图 3-10　在绘图区放平中间圆柱体

步骤 4：单击“拆分体”按钮，弹出“拆分体”对话框，在“目标”选项区域中选择“选择体”选项，在绘图区单击圆柱体，选择“指定平面”选项，弹出“平面”对话框，选择“YC-ZC 平面”选项，设置“距离”为 5mm，在“平面方位”选项区域中选择“反向”选项，单击“确定”按钮，完成圆柱体的第三次拆分，结果如图 3-11 所示。移除参数并保存。

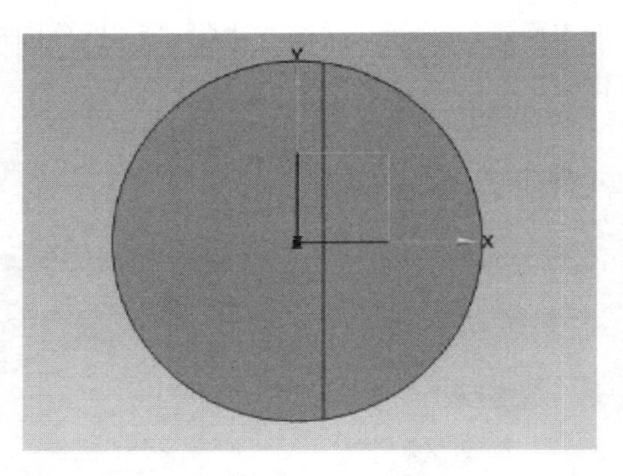

图 3-11 拆分圆柱体结果（三）

步骤 5：在绘图区单击圆柱体左半部分，并对其进行拆分，操作方法同“5. 拆分圆柱体”的步骤 4，“平面”对话框中设置“距离”为-5mm，完成左边部分的拆分。移除参数并保存。

步骤 6：对圆柱体上、下两部分进行拆分，方法同“5. 拆分圆柱体”的步骤 4，在“平面”对话框中选择“XC-ZC 平面”选项，分别设置“距离”为 5mm、-5mm，完成上、下两部分拆分，结果如图 3-12 所示。移除参数并保存。

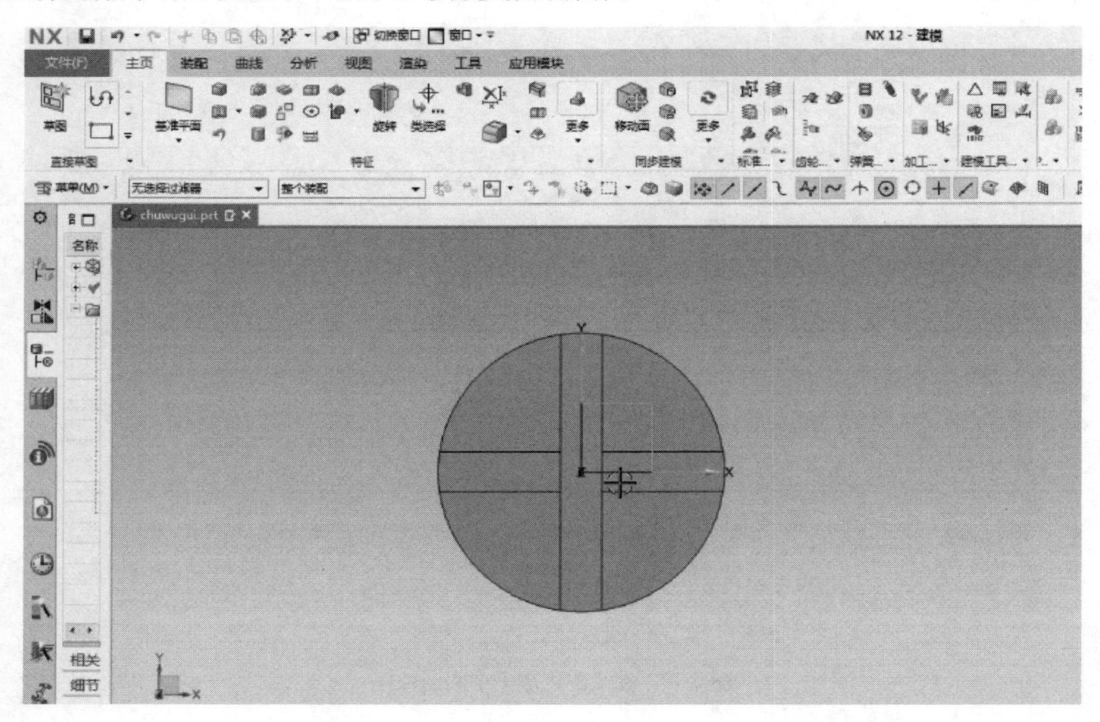

图 3-12 拆分圆柱体结果（四）

6. 卡盘模型建立及查看

步骤 1：单击“快速访问”工具栏中的“删除”按钮，在绘图区选择圆柱分割体的 4

个小扇形，单击“确定”按钮，对其进行删除，结果如图 3-13 所示。

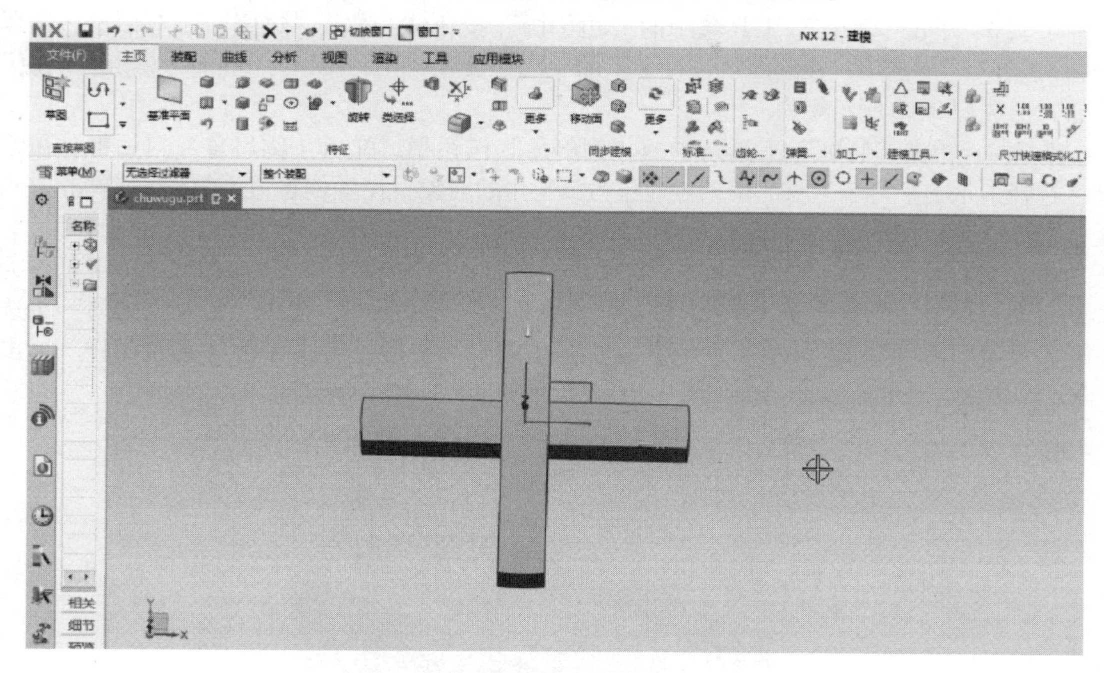

图 3-13　删除扇形结构

步骤 2：单击“取消隐藏部件”按钮，取消隐藏圆柱体上、下表面。单击“合并”按钮，将所有部分合并为一体，移除参数并保存，结果如图 3-14 所示。

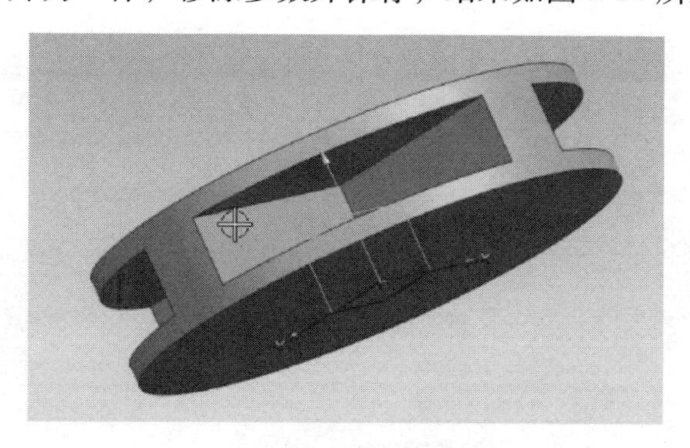

图 3-14　卡盘模型创建完成

7. 创建卡爪模型

步骤 1：单击“特征”工具条中的“拉伸”按钮，弹出“拉伸”对话框，选择“选择曲线”选项，在绘图区单击图 3-15 所示的两条交线，设置“开始”“距离”为 0，“结束”“距离”为 33mm，在“偏置”列表框中选择“两侧”选项，设置“开始”值为 0，“结束”值为-3mm，单击“确定”按钮，结果如图 3-16 所示。

步骤 2：单击“替换面”按钮，弹出“替换面”对话框，设置“原始面”为卡盘的两侧立面，“替换面”为圆柱体侧面，选择“反向”选项，单击“确定”按钮（使卡爪的侧面与卡盘的圆周侧面对齐，如图 3-17 所示的圆圈）。移除参数并保存。

步骤 3：单击“特征”工具条中的“边倒圆”按钮，弹出“边倒圆”对话框，选择“选择边（1）”选项，在绘图区选择卡爪的交线，设置“半径 1”为 10mm，单击“确定”按钮，形成图 3-17 所示模型。

步骤 4：单击“特征”工具条中的“倒斜角”按钮，弹出“倒斜角”对话框，在绘图区选择卡爪上平行于卡盘的两条棱边作为倒斜角的对象，设置偏置值为 10mm，单击“确定”按钮，形成图 3-18 所示模型。移除参数并保存。

步骤 5：单击“移动对象”按钮，弹出“移动对象”对话框，在绘图区选择卡爪作为移动对象，设置“指定矢量”为 ZC 正方向，“角度”值为 90°，选中“复制原先的”单选按钮，设置“非关联副本数”为 3 个，单击“确定”按钮，完成移动对象的操作。单击“合并”按钮，合并卡盘，结果如图 3-19 所示。移除参数并保存。

图 3-15　在绘图区选择曲线

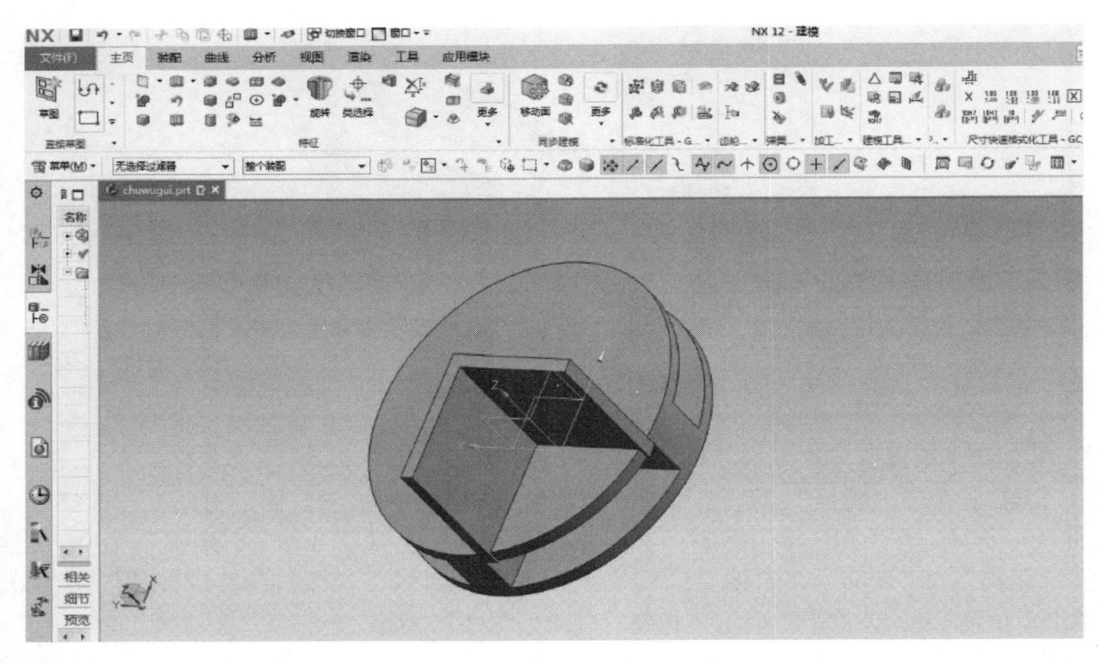

图 3-16　创建交叉卡爪

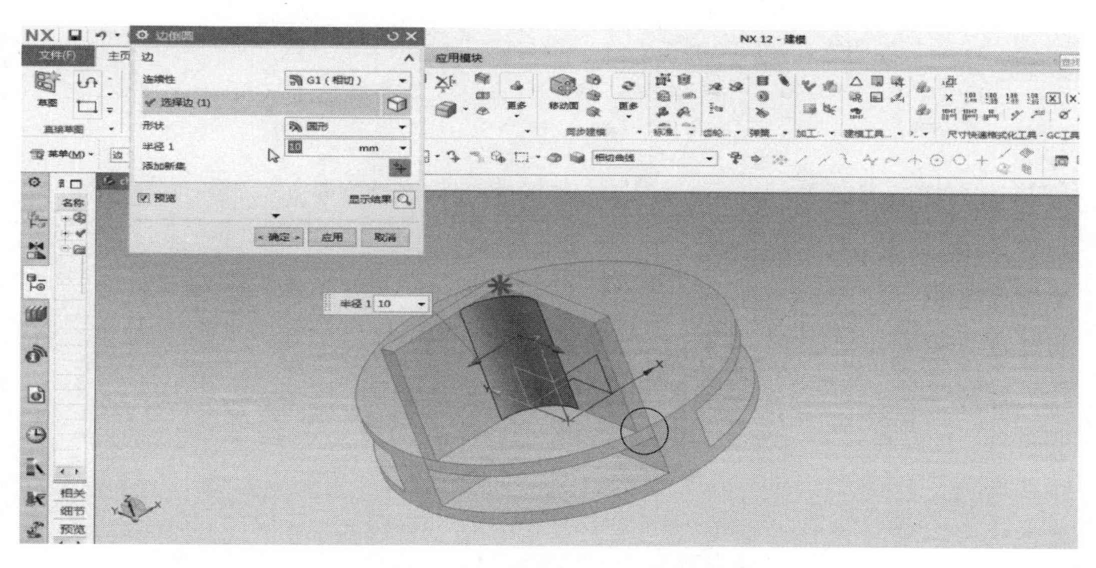

图 3-17　卡爪边倒圆结果

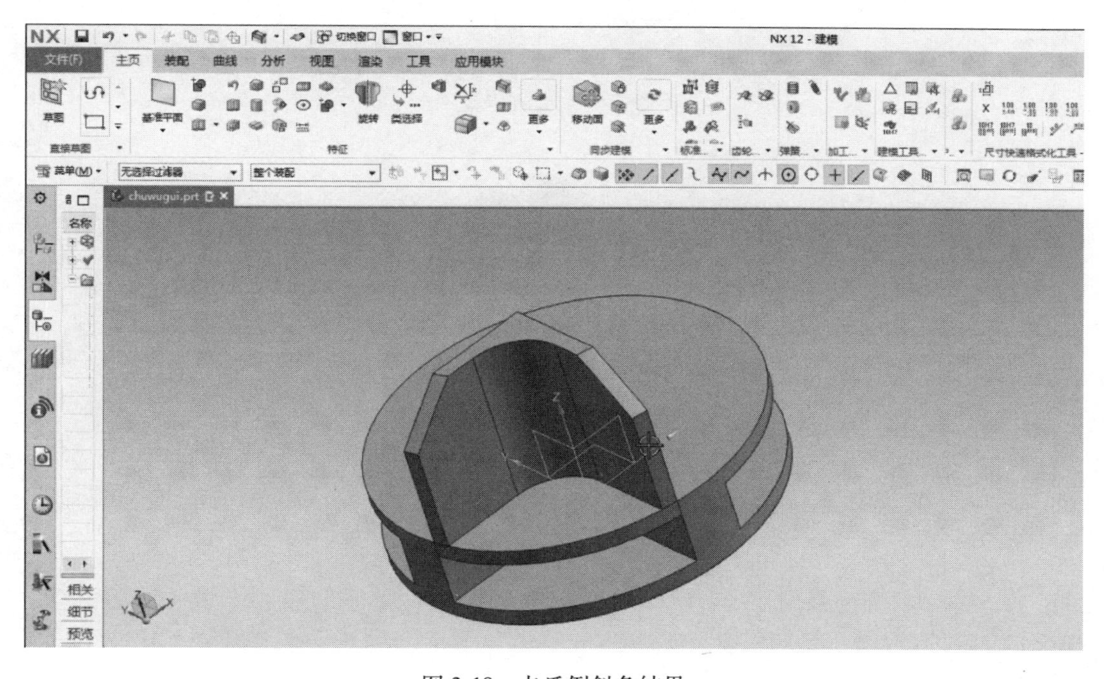

图 3-18　卡爪倒斜角结果

8. 着色

步骤：单击“特征”工具条中的“类选择”按钮，弹出“类选择”对话框，在绘图区框选整个卡盘，单击“确定”按钮，确认选择弹出“编辑对象显示”对话框，选择“颜色”选项，弹出“颜色”对话框，选择需要的颜色，单击“确定”按钮，完成卡盘着色，结果如图 3-20 所示。

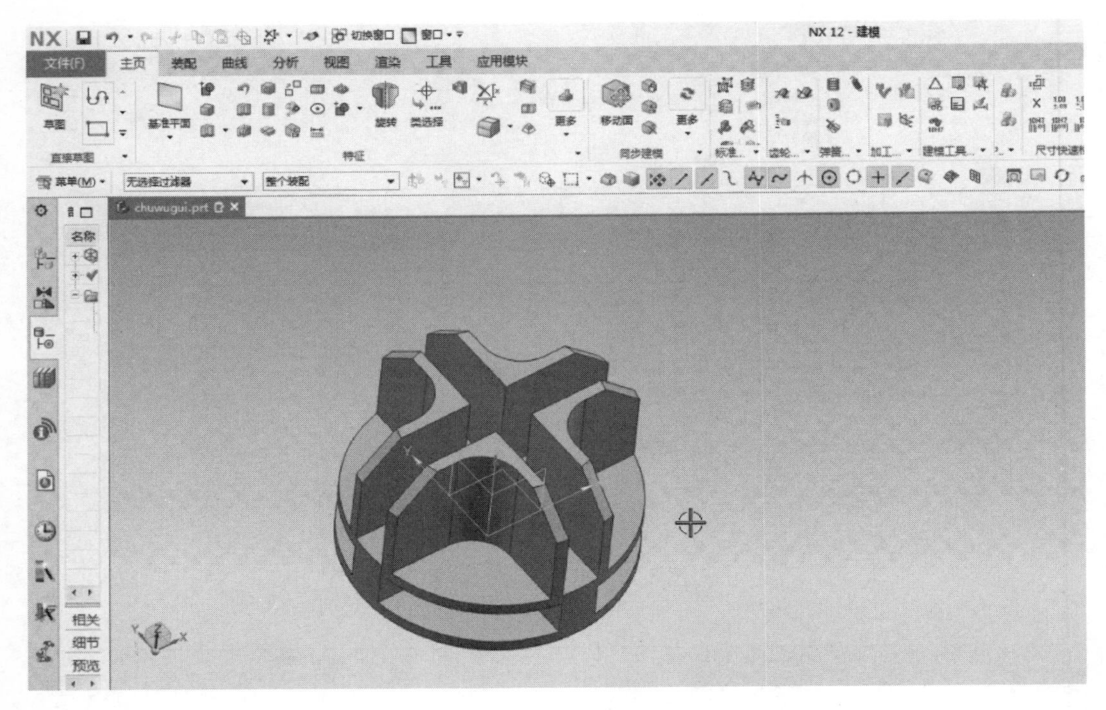

图 3-19 合并卡盘

图 3-20 卡盘着色

心得体会

本任务主要学习了“圆柱”“替换面”“倒斜角”“边倒圆”“移动对象”“拆分体”“拉伸”等命令的操作方法。需要注意的是，在进行“旋转”之前，一定先理清思路，完成基础体尽量多的变换后再进行旋转，如在本任务中，应先对卡爪进行“倒圆角”“倒斜角”的操作后，再将其绕直线旋转。

任务二　创建侧板

任务目标

1. 综合运用“矩形”“基本曲线”“倒圆角”“偏置面”“减去”等命令进行建模。
2. 具备掌握和灵活运用“管”命令。
3. 能够熟练应用“适合窗口”命令，以备建模过程中查看模型。

任务描述

按图 3-21 所示结构创建储物柜的侧板，其中侧板长度为 400mm，宽度为 400mm，厚度为 10mm，侧板的外边框为圆柱形，内侧平板厚度 3mm，厚度方向中心线与圆柱中心线对齐，连接处要倒斜角，四角为圆柱缺角。颜色要求整体为白色，局部面为红色。

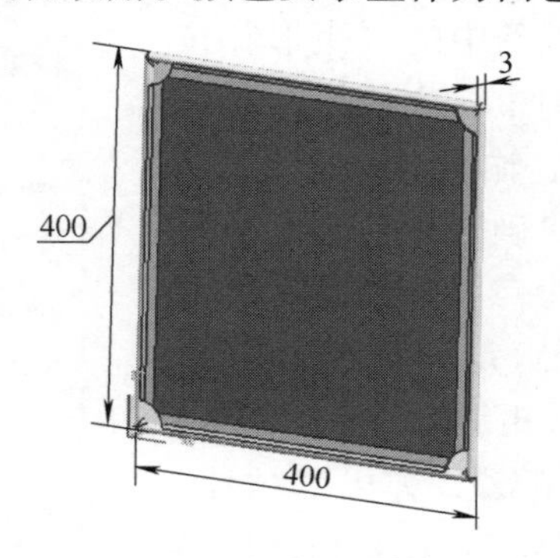

图 3-21　储物柜侧板

任务实施

1. 关闭卡扣所在图层

步骤 1：进入 UG NX 12.0 软件用户界面，打开项目三任务一创建的卡扣文件。

步骤 2：单击“图层设置”按钮，弹出“图层设置”对话框。将图层“1”设为不可见，单击“确定”按钮，完成关闭卡扣所在图层的操作。

2. 创建侧板基本模型

步骤 1：在绘图区按住鼠标中键旋转坐标系，使坐标系的 Z 轴指向操作者，按<F8>键，绘图区显示图 3-22 所示视图。

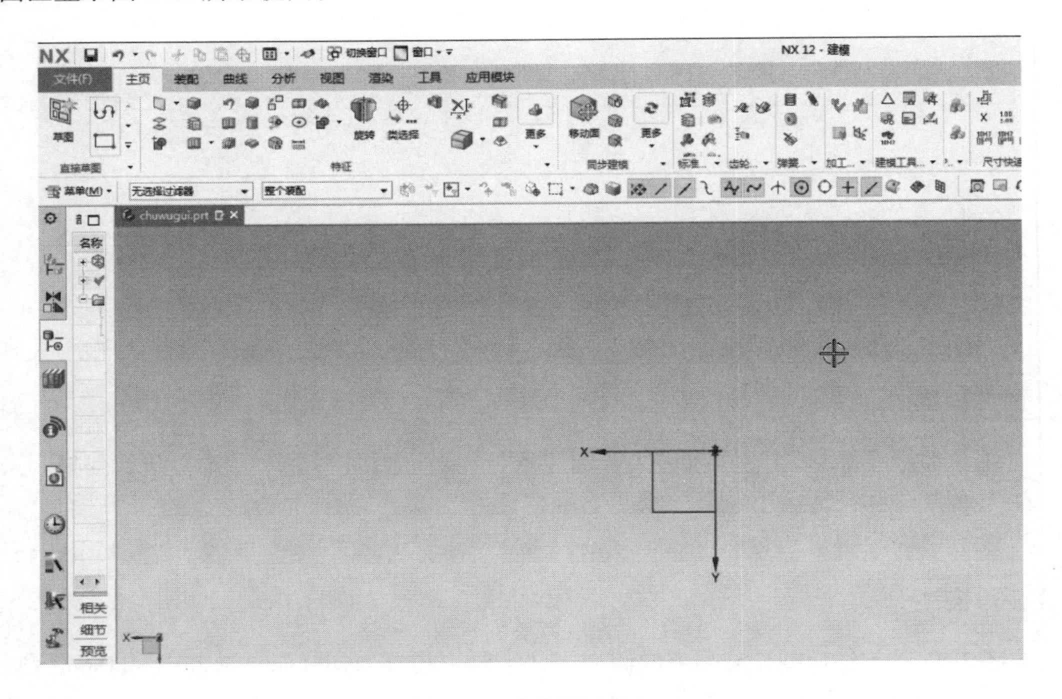

图 3-22 变化视图方向

步骤 2：单击“特征”工具条中的“矩形”按钮，弹出“点”对话框，如图 3-23 所示，设置“点位置”为“自动判断的点”，输出坐标 X、Y、Z 值都为 0，即坐标原点，单击“确定”按钮，在弹出的“点”对话框中输入第二个点坐标，设置 X 值为 400，Y 值为 400，单击“确定”按钮，单击“取消”按钮，完成图 3-24 所示矩形的创建。

步骤 3：单击“拉伸”按钮，弹出“拉伸”对话框，如图 3-25 所示，在绘图区选择矩形的四条边作为目标曲线，设置“指定矢量”为 Z 轴正向，开始距离为 1.5mm，结束距离为 - 1.5mm，单击“确定”按钮，完成侧板的基本模型的创建，如图 3-26 所示。

图 3-23 “点”对话框

3. 采用求差法创建侧板四角挖圆柱缺角

步骤 1：单击“圆柱”按钮，弹出“圆柱”对话框，选择“轴、直径和高度”选项，设置“指定矢量”为 Z 轴正向，“指定点”为坐标原点，设置圆柱直径为 50mm，高度为 10mm，单击“确定”按钮，形成图 3-27 所示圆柱体。

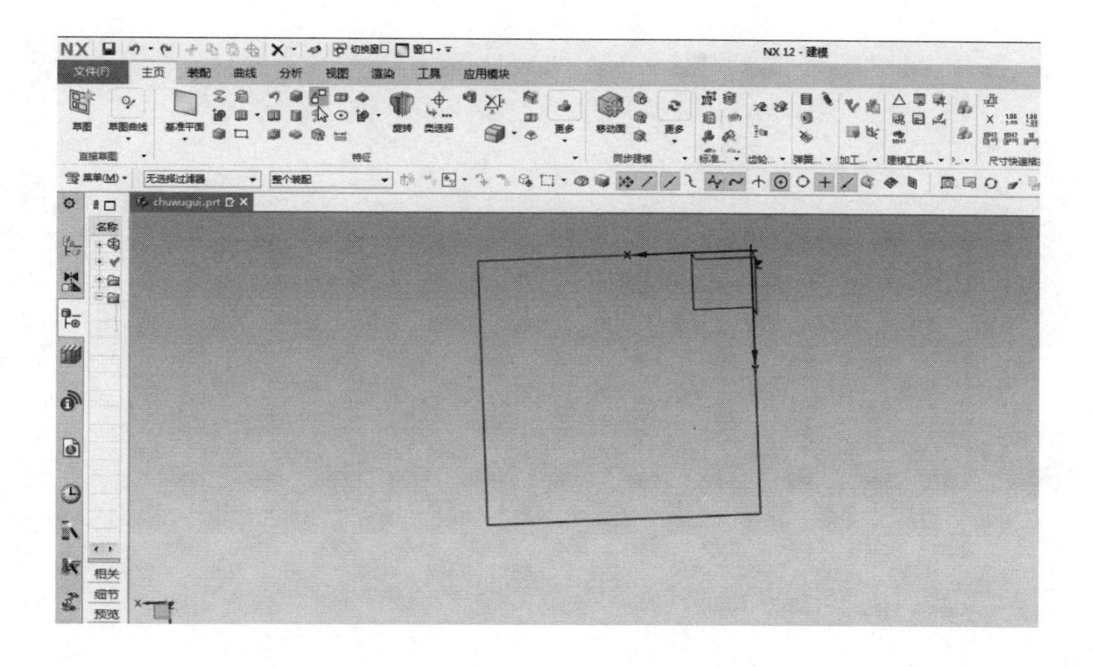

图 3-24 创建矩形

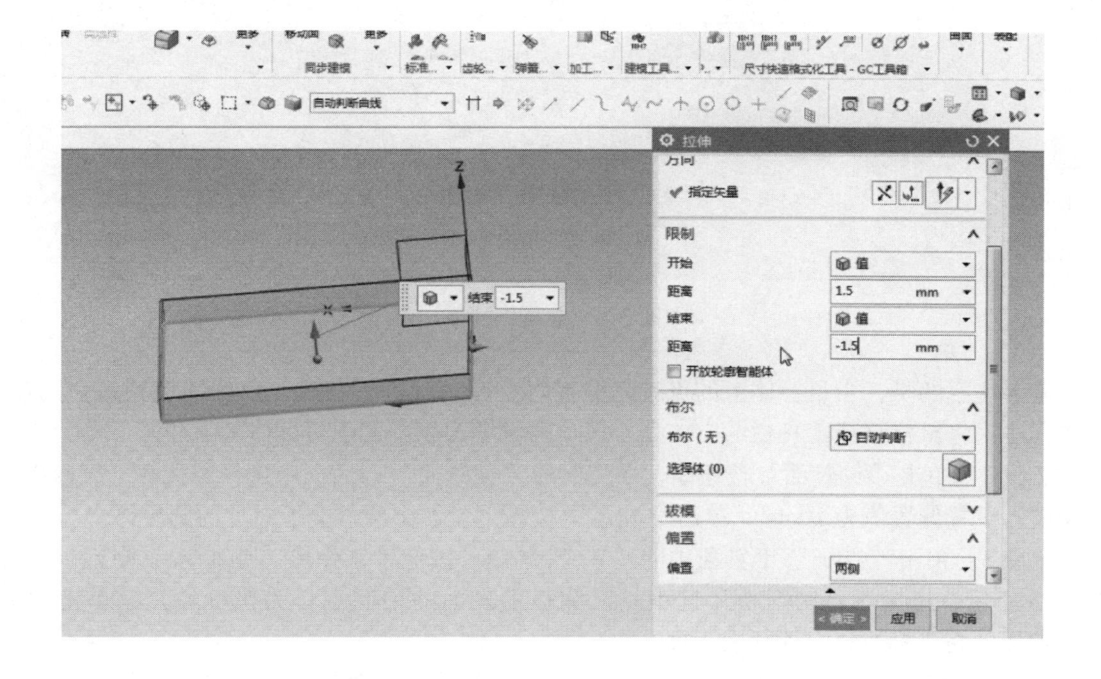

图 3-25 “拉伸”对话框

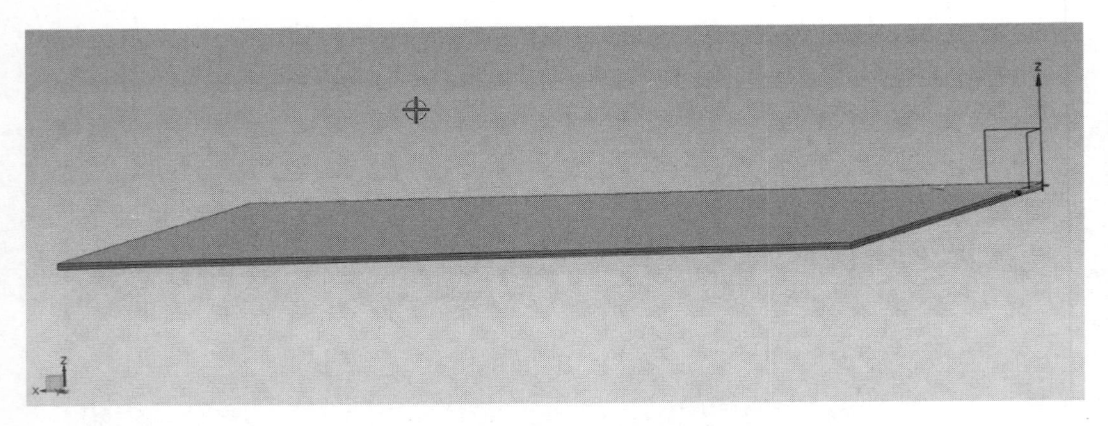

图 3-26　创建侧板的基本模型

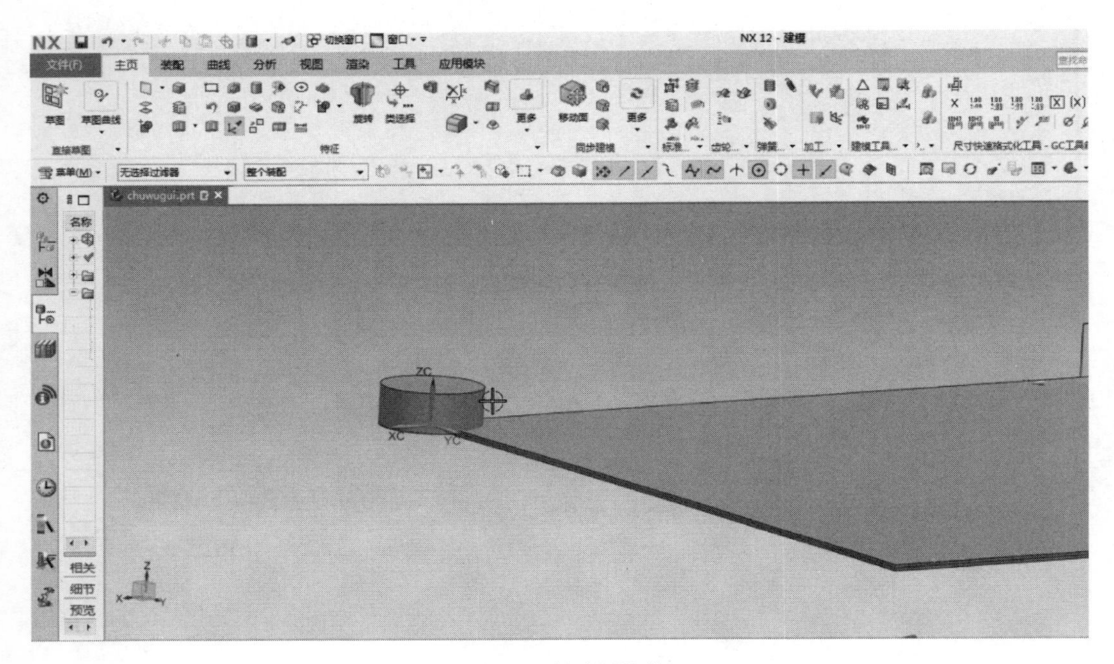

图 3-27　创建圆柱体

需要注意的是，当目标体上的点难以捕捉时，可对其进行缩放，以便捕捉到适合的点。具体方法：将鼠标移至工具栏的空白处，单击并滚动滚轮，实现目标体的缩放。

步骤 2：单击“偏置面”按钮，在弹出的“偏置面”对话框中选择圆柱体下表面作为偏置面，设置偏置值为 10mm，单击“确定”按钮，创建出两个上下对称的圆柱体。

步骤 3：单击“特征”工具条中的“WCS 方向”按钮，弹出“坐标系”对话框，如图 3-28 所示，选择“自动判断”选项，以侧板上表面的中心点作为坐标原点，单击“确定”按钮，将坐标系移至侧板上表面。

步骤 4：单击“移动对象”按钮，弹出“移动对象”对话框，选择圆柱体作为移动对象，在“运动”列表框中选择“角度”选项，设置“指定矢量”为 Z 轴正向，“角度”为 90°，“非关联副本数”为 3，设置“指定轴点”为“点”，在弹出的“点”对话框中设

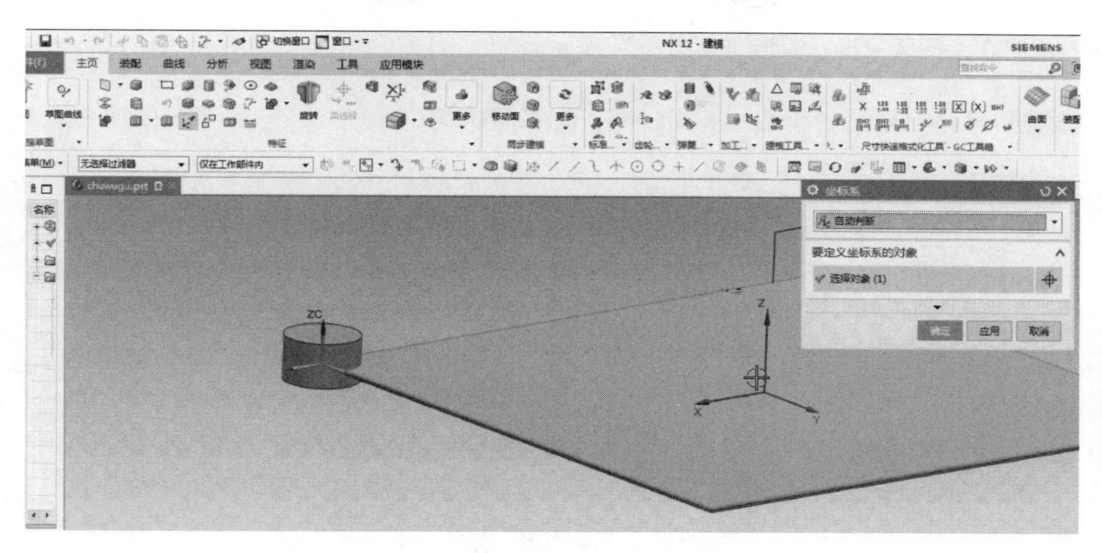

图 3-28　移动坐标系

置“参考坐标”为 WCS 坐标，XC 值为 0，YC 值为 0，单击“确定”按钮，在侧板四个顶角各创建一个圆柱体，如图 3-29 所示。

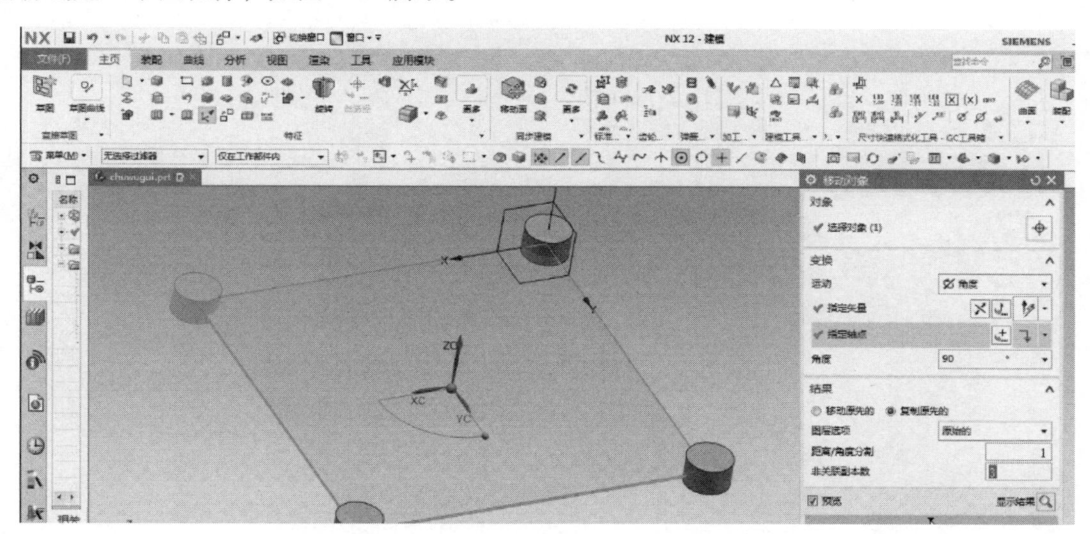

图 3-29　创建四个圆柱体

步骤 5：单击“特征”工具栏中的“减去”按钮，弹出“减去”对话框，如图 3-30 所示，在绘图区选择侧板作为目标体，选择四个圆柱体作为工具体，单击“确定”按钮，完成在侧板四角上挖圆柱缺角的操作，如图 3-31 所示。移除参数并保存。

图 3-30　“减去”对话框

步骤 6：单击“类选择”按钮，弹出“类选择”对话框，在绘图区选择侧板作为选择对象，单击“确定”按钮，此时在绘图区只显示矩形，如图 3-32 所示。

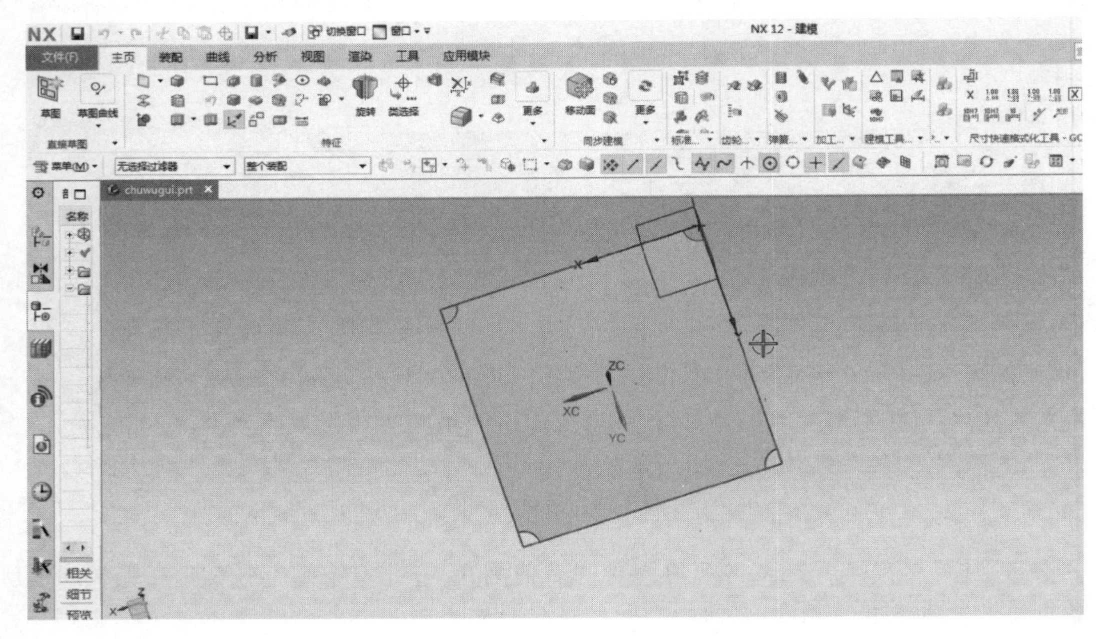

图 3-31　侧板上挖圆柱缺角

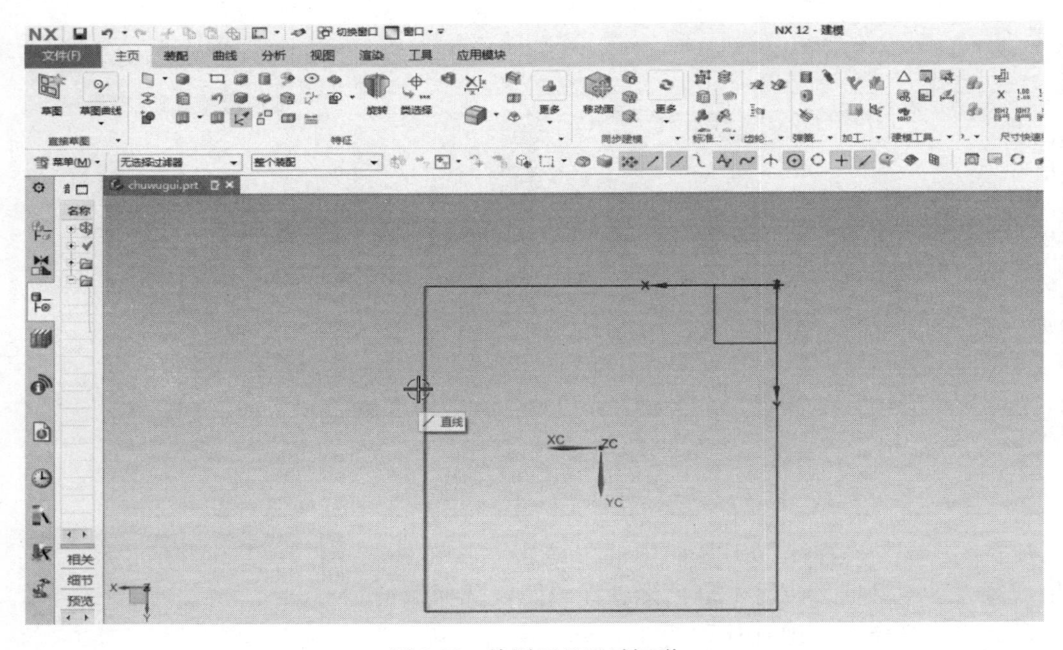

图 3-32　绘图区只显示矩形

4. 创建侧板的圆柱形外边框

步骤 1：单击“基本曲线”按钮，弹出“基本曲线”对话框，如图 3-33 所示，单击选择“曲线倒圆”按钮，弹出“曲线倒圆”对话框，如图 3-34 所示设置倒圆角半径为

10mm，在绘图区按逆时针方向选中矩形相邻的两条边，单击两条边相交处附近的点，完成一个直角的倒圆角操作。按上述方法完成其他 3 个直角的倒圆角，单击“取消”按钮，结果如图 3-35 所示。

图 3-33　“基本曲线”对话框

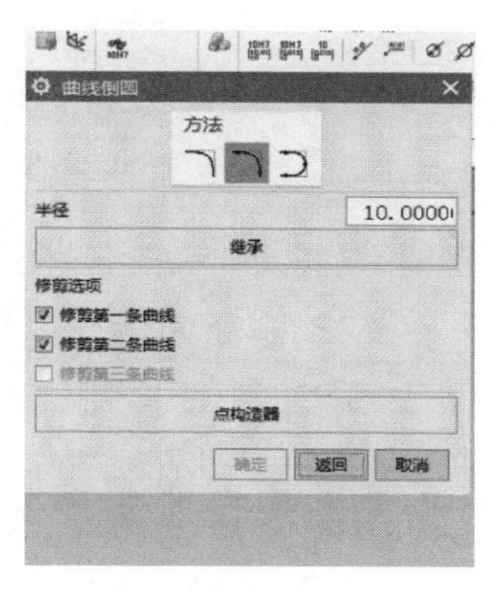

图 3-34　“曲线倒圆”对话框

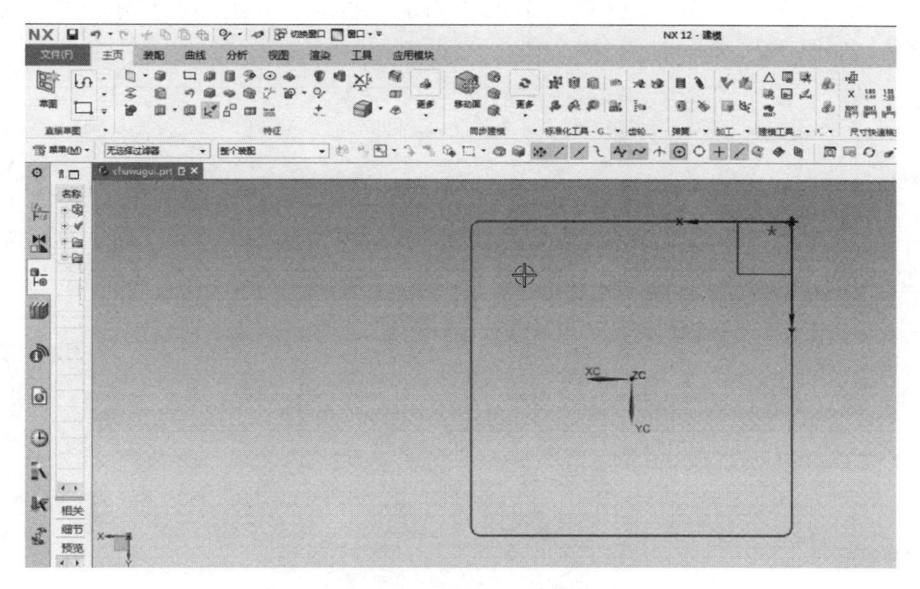

图 3-35　矩形的四个顶点倒圆角

步骤 2：单击“特征”工具条中的“管”按钮，弹出“管”对话框，如图 3-36 所示，在绘图区选择矩形的四条边作为路径，设置“外径”为 10mm，“内径”为 2mm，“输出”类型为“单段”，单击“确定”按钮，矩形的管道式外边框创建完成，如图 3-37 所示。移除参数并保存。

5. 设置侧板图层

步骤 1：单击“特征”工具条中的“移动至图层”按钮，弹出“类选择”对话框，在绘图区框选侧板，按鼠标中键，弹出“图层移动”对话框，在“目标图层或类别”文本框中输入 3，将侧板放入图层 3，单击“确定”按钮。

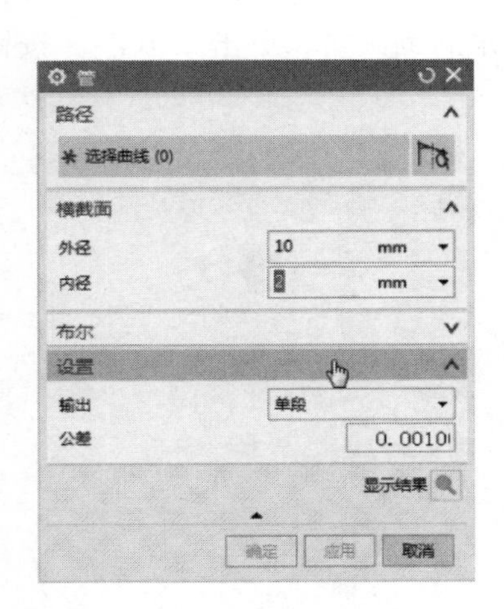

图 3-36 “管”对话框

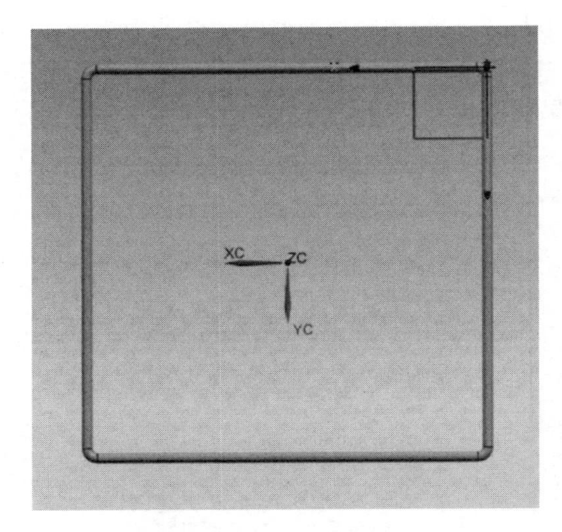

图 3-37 创建矩形的管道式外边框

步骤 2：单击“图层设置”按钮，弹出“图层设置”对话框，在“图层”选项区域的“名称”列表中选中“3”复选框，单击“确定”按钮，在绘图区显示侧板，完成侧板图层的设置，如图 3-38 所示。

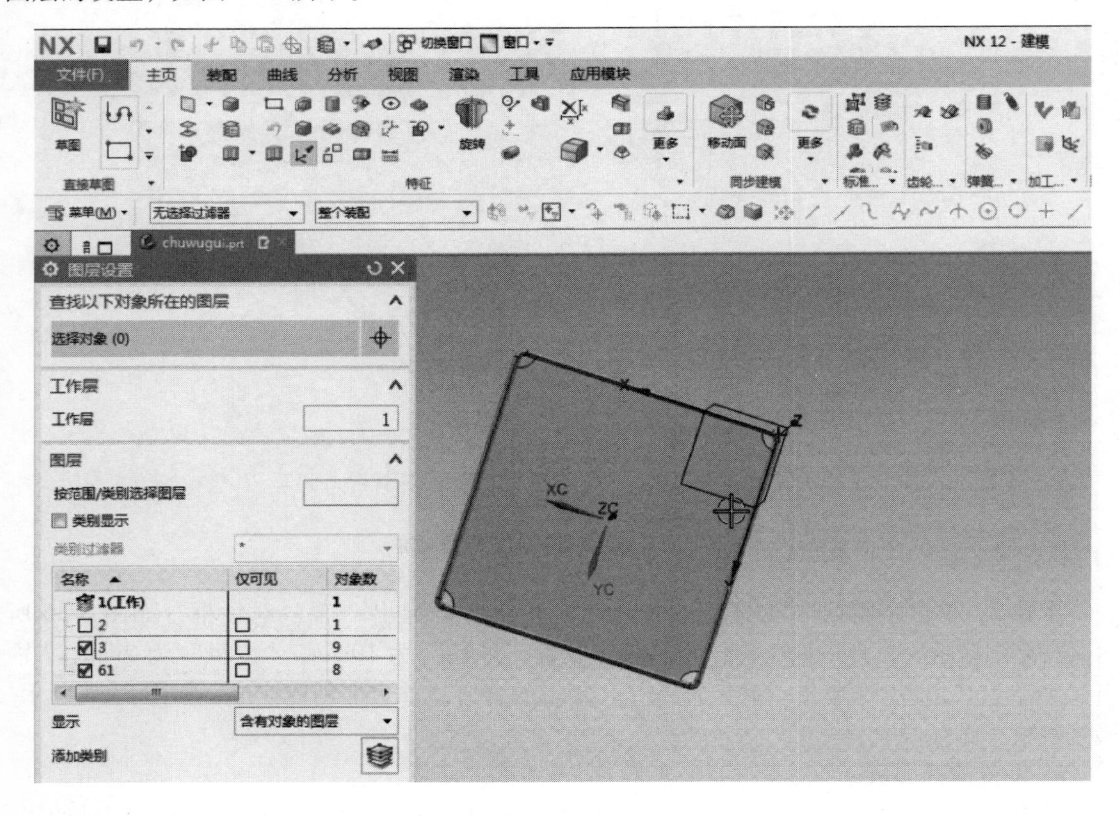

图 3-38 设置侧板图层

心得体会

本任务主要介绍了“矩形”“基本曲线”倒圆角“管”“偏置面”“减去”“适合窗口”等命令的应用。需要注意的是，基本曲线倒圆角时，要按逆时针方向选择边线，同时在执行“偏执面”命令时，不能同时偏置不同实体上的面。

学习随笔

任务三　创 建 门 板

任务目标

1. 具备综合运用“拉伸”“孔”“管”“文本”等命令。

2. 掌握和灵活运用“减去”“变换”“移动至图层”“移除参数”“编辑对象显示”“隐藏”等命令。

任务描述

创建图 3-39 所示门板实体模型，其中的圆孔直径为 ϕ40mm 圆心距左侧门板边缘为 60mm，距上边缘为 200mm。圆孔边缘为一圆环把手。门板上有突起的文字，内容为“储物柜”。

任务实施

1. 创建门板

步骤 1：在 UG NX 12. 0 软件用户界面中打开项目三任务二创建的侧板文件，单击“特征”工具条中的“阵列几何特征”按钮（图 3-40），弹出“阵列几何特征”对话框，如图 3-41 所示，在绘图区选择侧板作为对象，设置“布局”为“圆形”，旋转轴为 X 轴，“节距角”为 90°，单击“确定”按钮，结果如图 3-42 所示。

步骤 2：单击“视图”选项卡“可见性”工具条中的“移动至图层”按钮，弹出“类选择”对话框，选择门板作为对象，按鼠标中键，弹出“图层移动”对话框，在“目标图层或类别”文本框中输入 3，将门板移至工作图层 3，如图 3-43 所示。

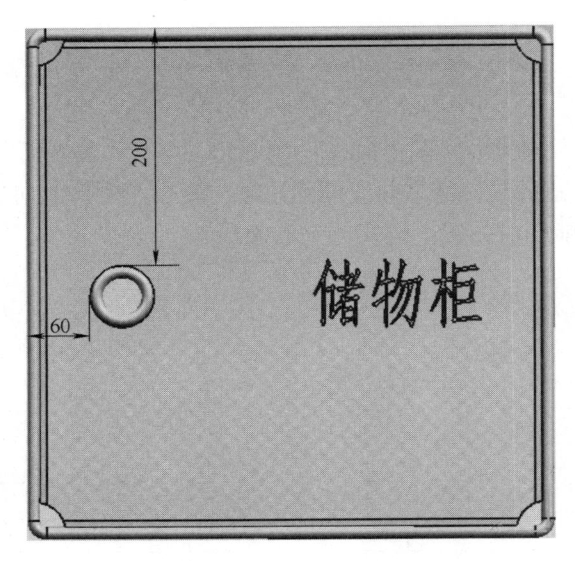

图 3-39　储物柜门板模型

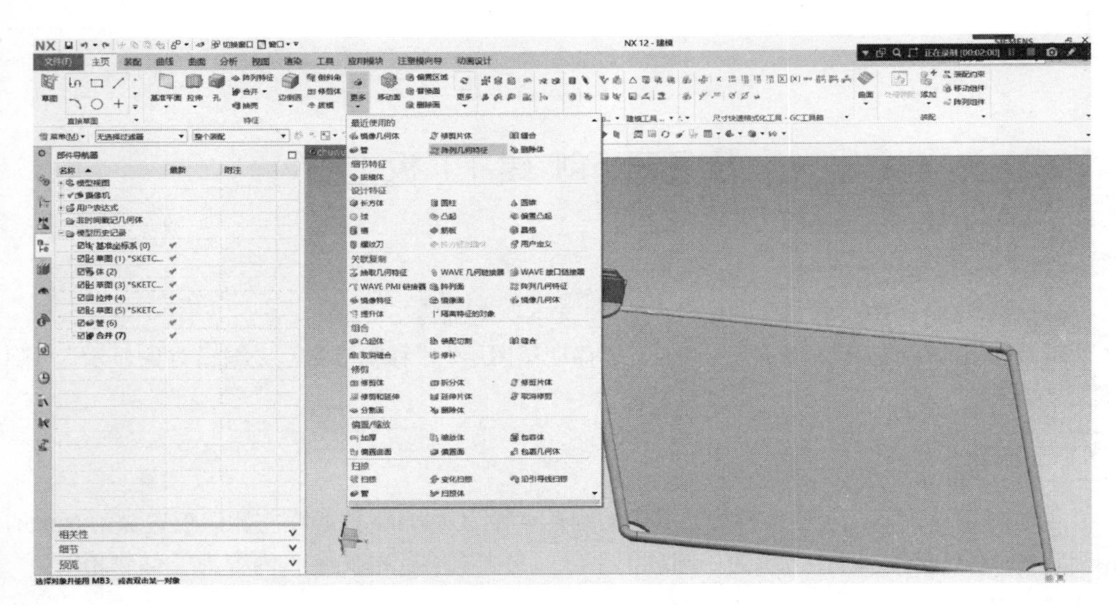

图 3-40　单击“阵列几何特征”按钮

步骤 3：单击“可见性”工具条中的“图层设置”按钮或按组合快捷键<Ctrl + L>，弹出“图层设置”对话框。如图 3-44 所示，将图层 2 设置为不可见，将图层 3 设置为可见。

2. 打孔

步骤 1：单击“特征”工具条中的“孔”按钮（图 3-45），弹出“孔”对话框，如图 3-46 所示，设置孔的直径为 40mm，在绘图区选择门板平面作为指定点。

步骤 2：单击“孔”对话框中的“确定”按钮，弹出定位孔的“平面”对话框，在绘图区选择平板的左边缘作为目标对象，在水平“距离”文本框中输入“60”，单击“确定”按钮，完成确定孔的位置的操作，如图 3-47 所示。

图 3-41　“阵列几何特征”对话框

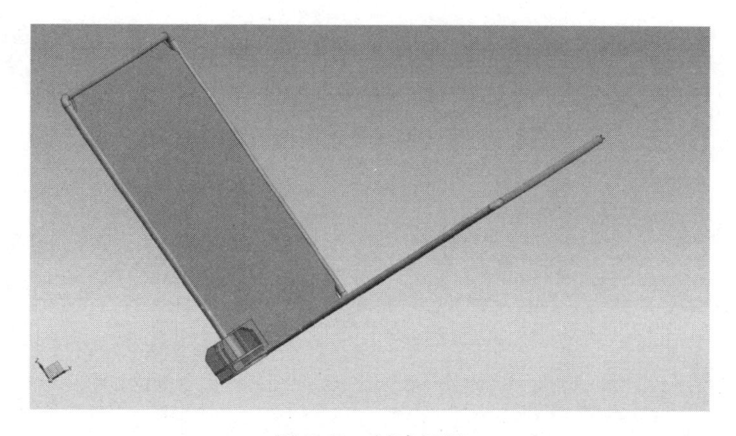

图 3-42　创建门板

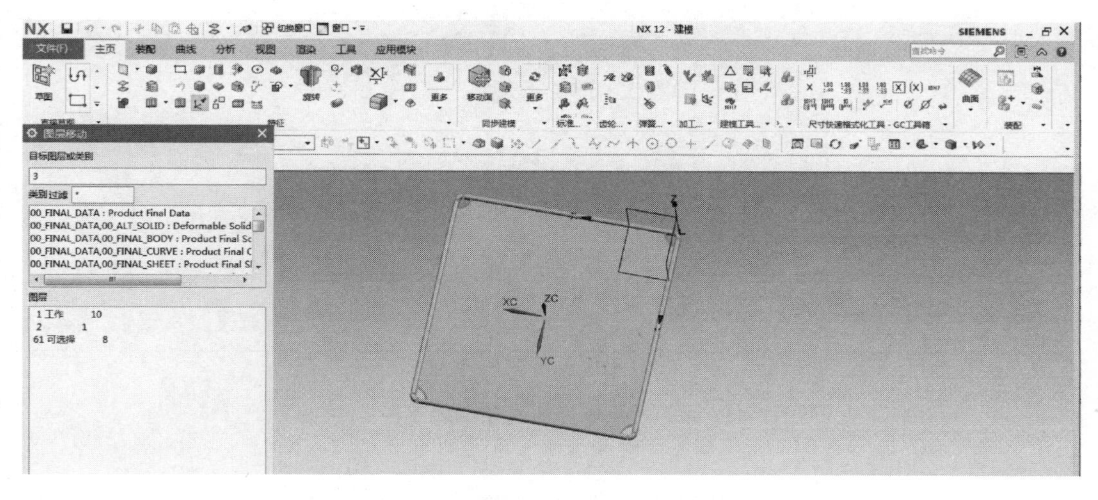

图 3-43　将门板移动至工作图层 3

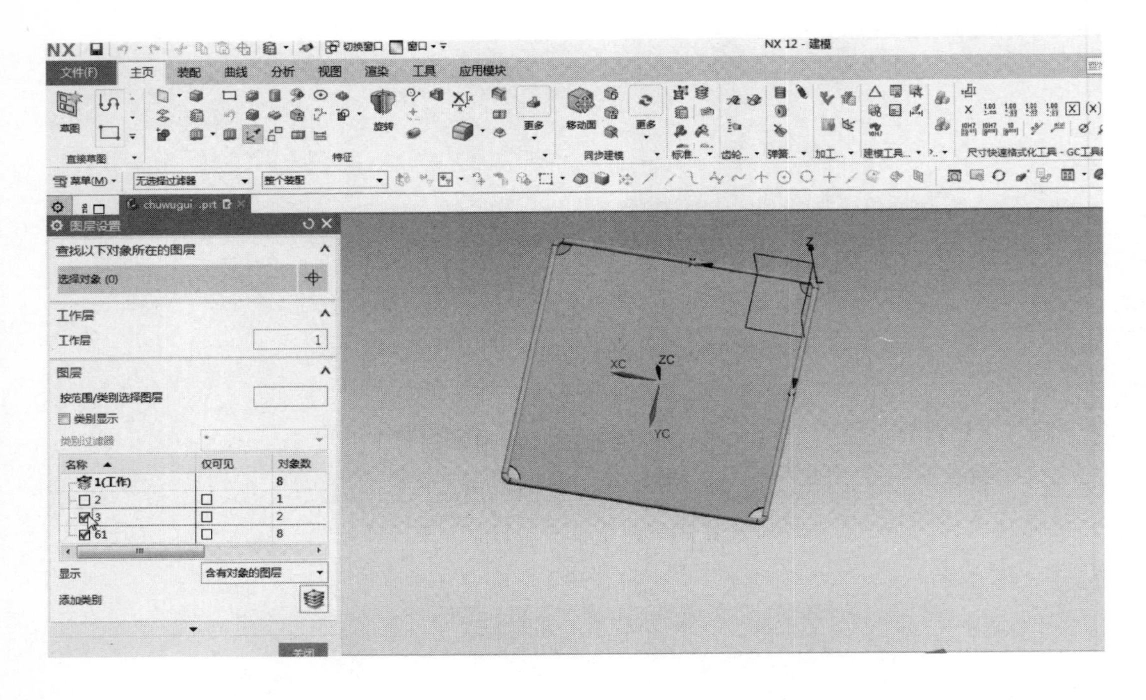

图 3-44　设置图层

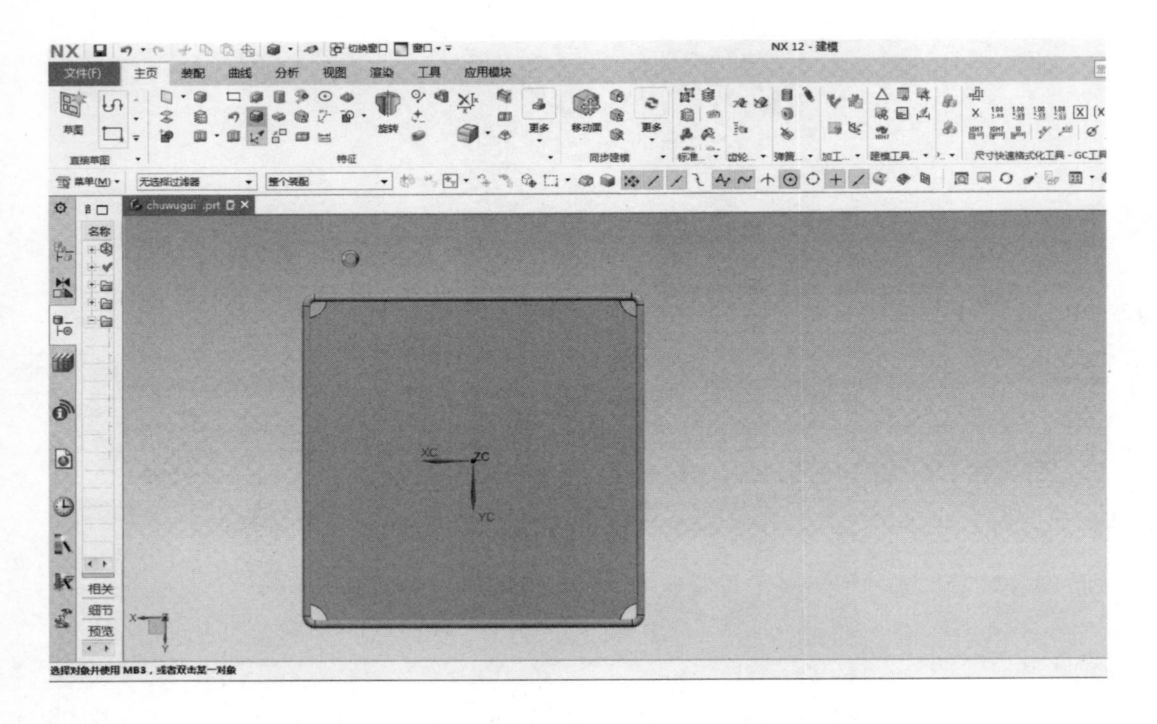

图 3-45　单击“特征”工具条中的“孔”按钮

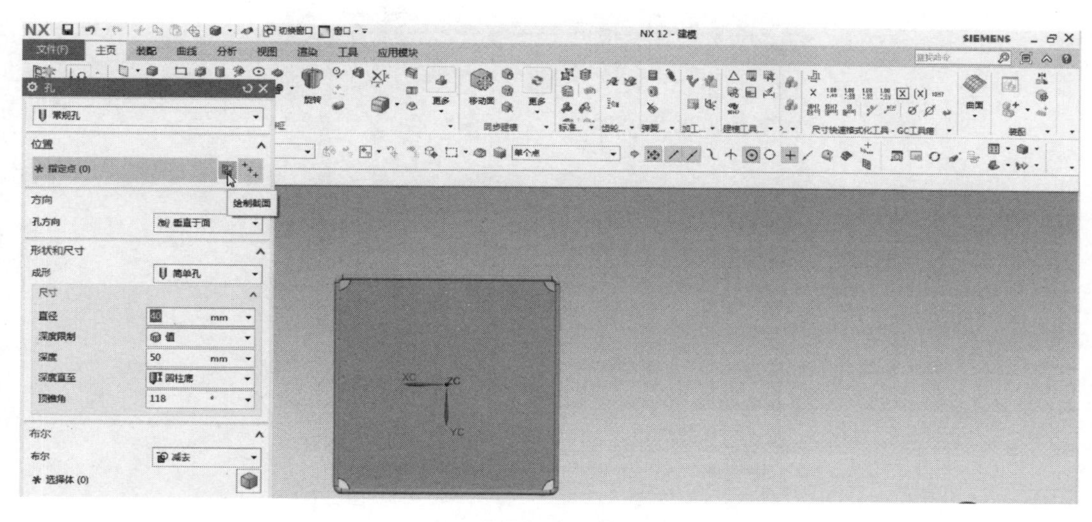

图 3-46　设置孔大小

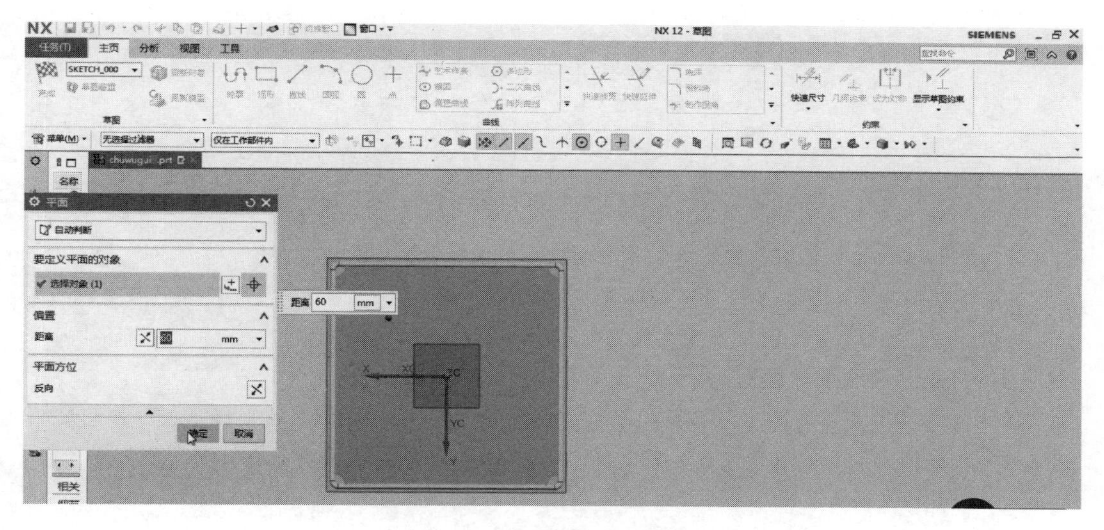

图 3-47　设置孔的水平位置

同理，在绘图区选择平板的上边缘作为目标对象，在竖直“距离”文本框中输入“200”，单击“确定”按钮，在门板上得到圆孔，如图 3-48 所示。

步骤 3：单击“特征”工具条中的“管”按钮（图 3-49），弹出“管”对话框，如图 3-50 所示，在绘图区选择孔的上边缘（或下边缘）作为路径，设置外径为 10mm，内径为 2mm，在“布尔”列表框中选择“合并”选项，在绘图区选择门板，单击“确定”按钮，完成门把手的创建。

由于创建的门把手是以门板孔的上边缘作为路径，因此，做出的门把手相对于门板厚度方向偏移了 1.5mm，因此要将偏移量消除。

步骤 4：单击“特征”工具条中的“移动对象”按钮，弹出“移动对象”对话框，在绘图区选择门把手作为移动对象。在“变换”选项区域的“运动”列表框中选择“距离”

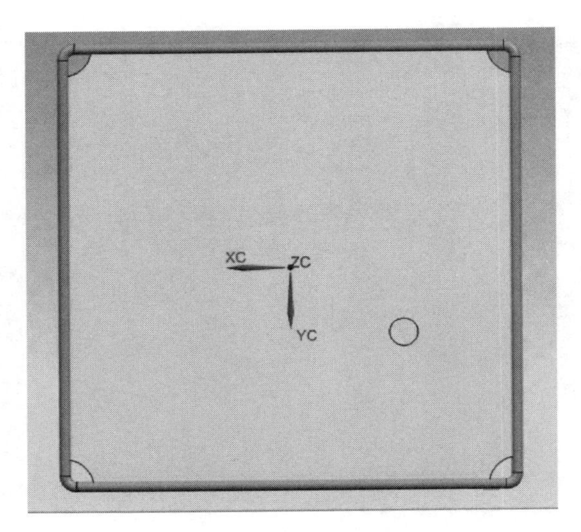

图 3-48　完成孔的定位

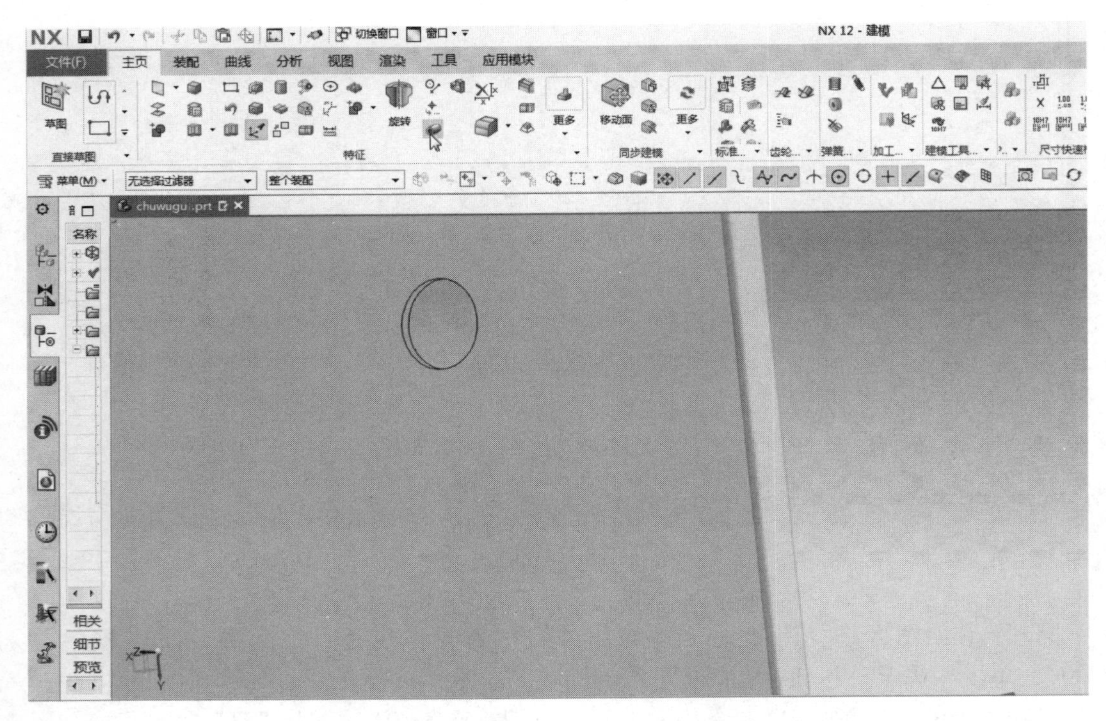

图 3-49　单击“特征”工具条中的“管”按钮

选项，设置“指定矢量”为 ZC 轴，“距离”为 1. 5mm，在“结果”选项区域选中“复制原先的”单选按钮，单击“确定”按钮，将门把手在板平面两侧均匀分布，如图 3-51 所示。移除参数并保存。

3. 在门板上刻字

步骤 1：单击“曲线”工具条中的“文本”按钮（图 3-52），弹出“文本”对话框，如图 3-53 所示，设置“文本放置面”为门板平面。在“放置方法”列表框中选择“面上的曲

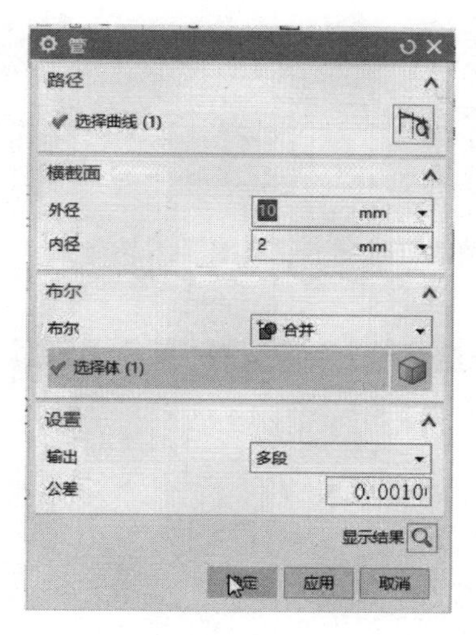

图 3-50　“管”对话框

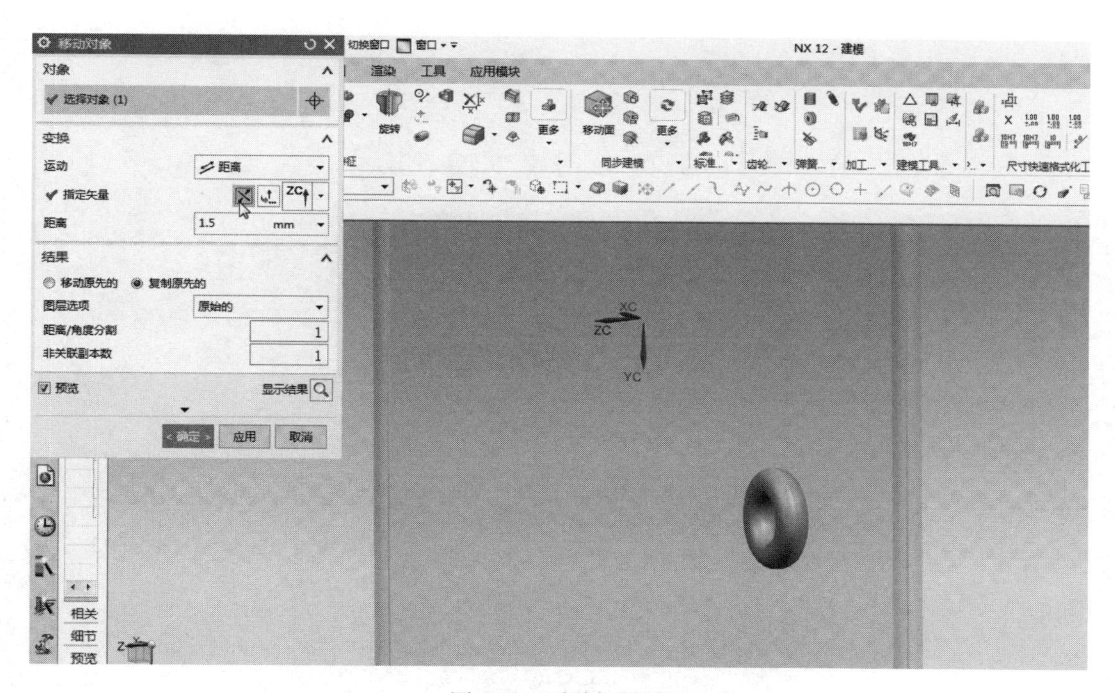

图 3-51　平移门把手

线”选项，在绘图区选择门板边缘直线靠左下角位置作为放置位置，在“文本属性”文本框中输入“储物柜”，单击“确定”按钮，完成在门板面上生成文本的操作。

步骤 2：通过调节绘图区中文本上的箭头来调整文本的大小和位置。设置水平方向上的长度为 130mm，高度为 20mm，单击“确定”按钮。设置竖直方向上的长度为 130mm，高度为 20mm。单击“拉伸”按钮，将储物柜三个字进行拉伸。设置开始“距离”为 1. 5mm，结束“距离”为−1. 5mm，在绘图区选择文本作为剖面几何图形，单击“确定”按钮，完成文本的拉伸操作，如图 3-54 所示。移除参数并保存。

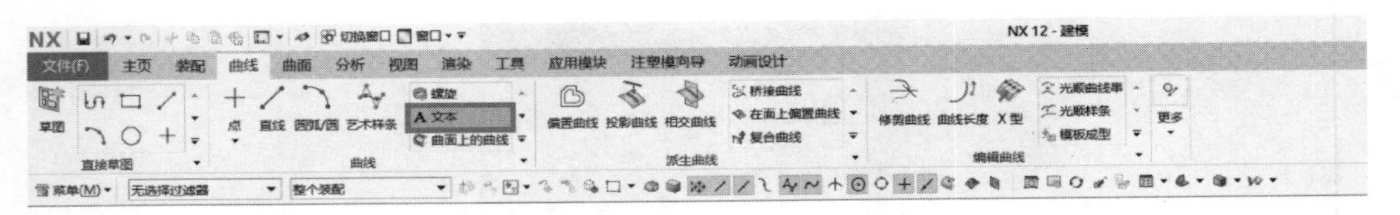

图 3-52 “曲线”选项卡“曲线”工具条中的“文本”按钮

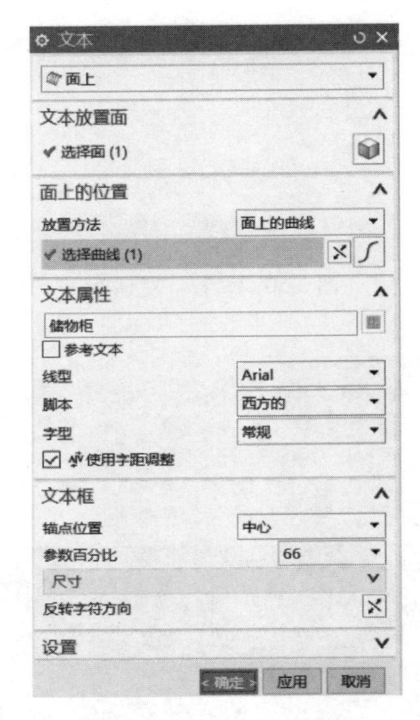

图 3-53 “文本”对话框

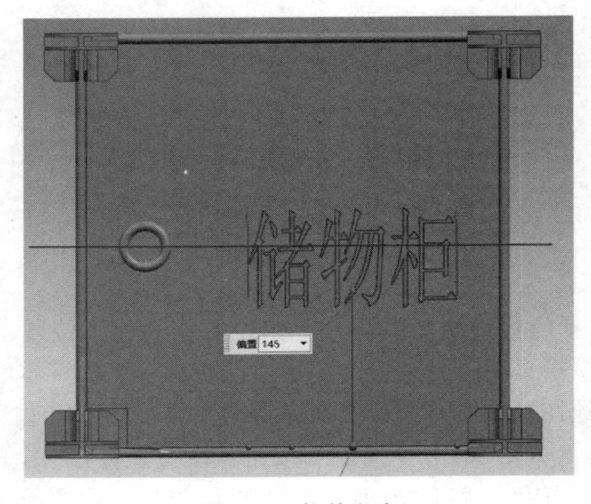

图 3-54 拉伸文本

步骤 3：单击“特征”工具条中的“合并”按钮，将门板各部件合并，结果如图 3-55 所示。

步骤 4：单击上边框条中的“着色”按钮，选择门板边框作为编辑对象，设置对象的颜色为黄色，单击“确定”按钮，实现对门板边框的着色，如图 3-56 所示。移除参数并保存。

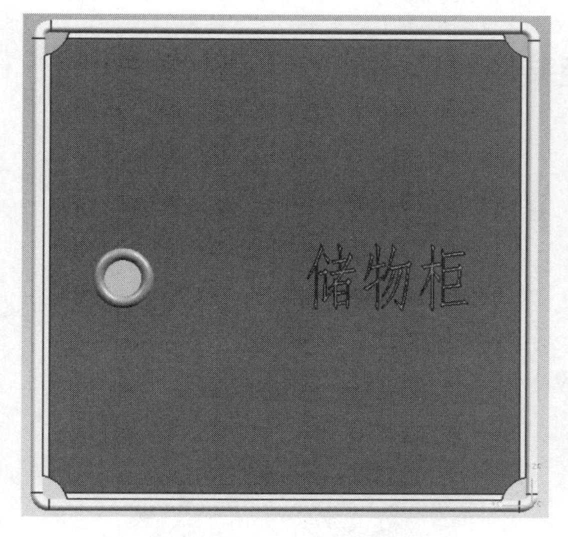

图 3-55 合并门板各部件

图 3-56 门板边框着色

心得体会

本任务主要介绍了“孔”和“文本”等命令的运用。在对对象进行编辑的过程中实现了对“减去”“变换”“移动至图层”“编辑对象显示”“隐藏”等命令的熟练运用。

学习随笔

任务四　组装储物柜

任务目标

1. 掌握“镜像”“测量距离”“移动对象”等命令的操作方法。
2. 变换命令：绕直线旋转（点和矢量）。

任务描述

将创建的储物柜的各部件组装起来，形成图 3-57 所示效果。

图 3-57　储物柜

任务实施

1. 选择和设置图层

步骤：进入 UG NX 12.0 软件用户界面，打开项目三任务三创建的模型。单击“图层设置”按钮，先组装卡扣和侧板，为了操作方便，在“图层设置”对话框先关闭门板所在图层，打开卡扣和侧板所在的图层。把所要打开的图层设置为“设为可选”即可。设置完成后单击“确定”按钮，结果如图 3-58 所示。

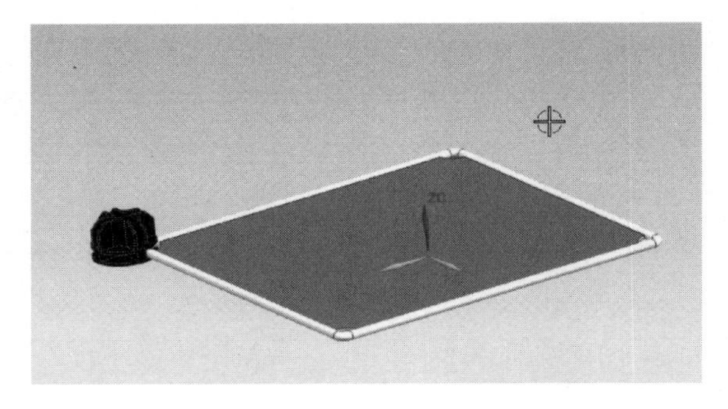

图 3-58　打开组件并设置图层

2. 对卡扣位置进行调整

步骤 1：单击“分析”选项卡“测量”工具条中的“测量距离”按钮，在绘图区选中卡扣作为测量起点，选择侧板边缘作为测量终点，如图 3-59 所示。单击“移动对象”按钮，设置“指定矢量”为-XC 轴，根据测量的距离设置移动距离，如图 3-60 所示，单击“确定”按钮，完成位置调整，结果如图 3-61 所示。

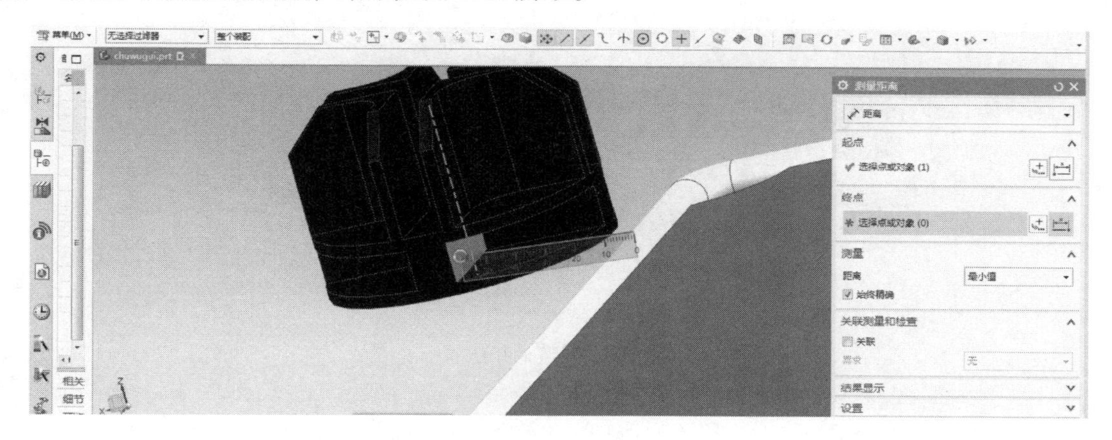

图 3-59　测量距离

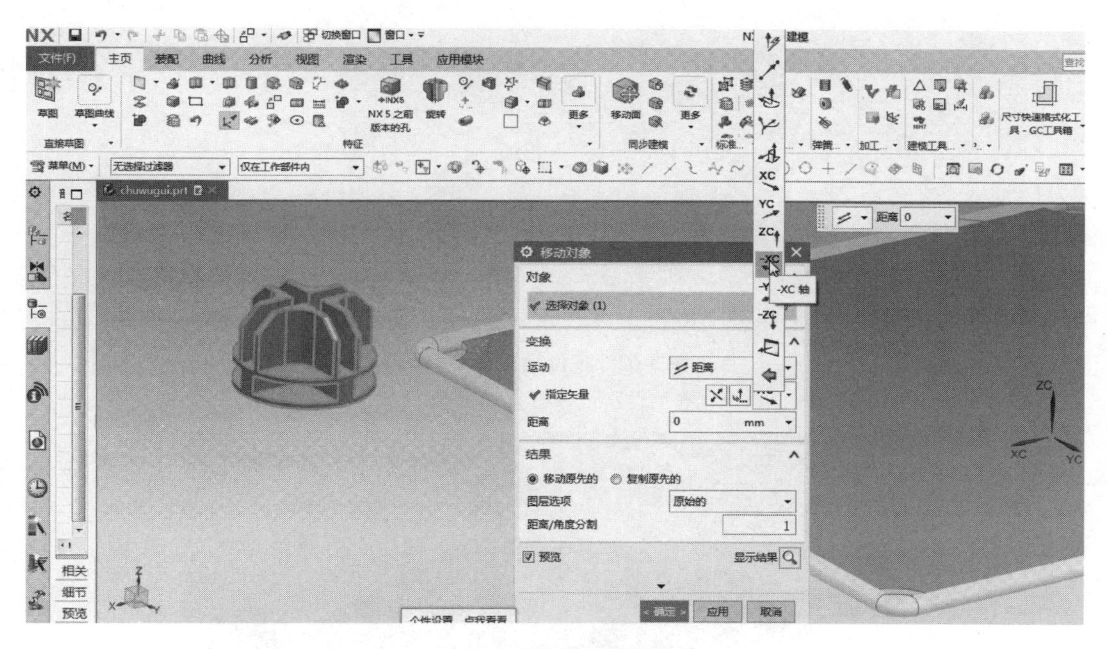

图 3-60　设置运动矢量

步骤 2：单击“移动对象”按钮，弹出“移动对象”对话框，在绘图区选择卡扣作为对象，设置“指定矢量”为 YC，“距离”为 400mm，选中“复制原先的”复选框，如图 3-62 所示，单击“确定”按钮。

同理得到其余两个角上的卡扣，如图 3-63 所示。

3. 安装多个侧板和卡扣

步骤 1：单击“变换”按钮，在绘图区，选中侧板按鼠标中键确定选择。单击“旋转”按钮，弹出“旋转”对话框，设置“指定矢量”为 YC 轴，单击“确定”按钮，如图 3-64 所示。

步骤 2：单击“移动对象”按钮，定位侧板，如图 3-65 所示，单击“确定”按钮。

图 3-61　调整卡扣位置

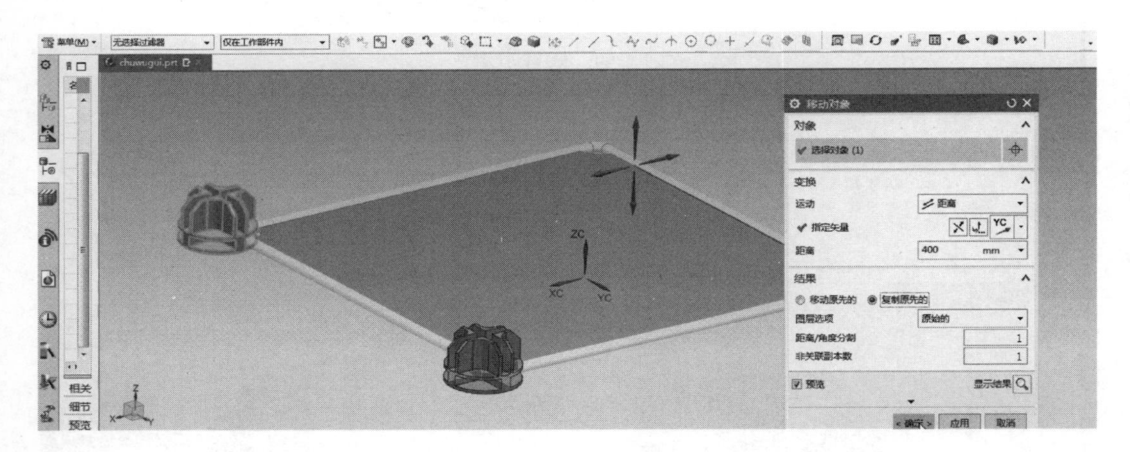

图 3-62　定位第二个卡扣

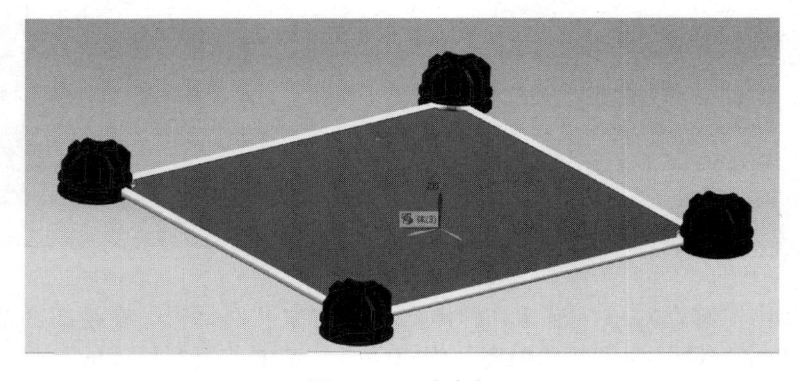

图 3-63　4 个卡扣

因为在一个卡扣上需要安装 3 个侧板，可以对已摆好的卡扣进行“移动对象”操作，实现两个侧板的安装，结果如图 3-66 所示。

步骤 3：用旋转的方法实现后面侧板的安装，结果如图 3-67 所示。3 个侧板和卡扣的空间位置都已调整好。

接下来还需要做出 4 个卡扣和 2 个侧板，利用空间位置关系的对称特点，把底层的 4 个

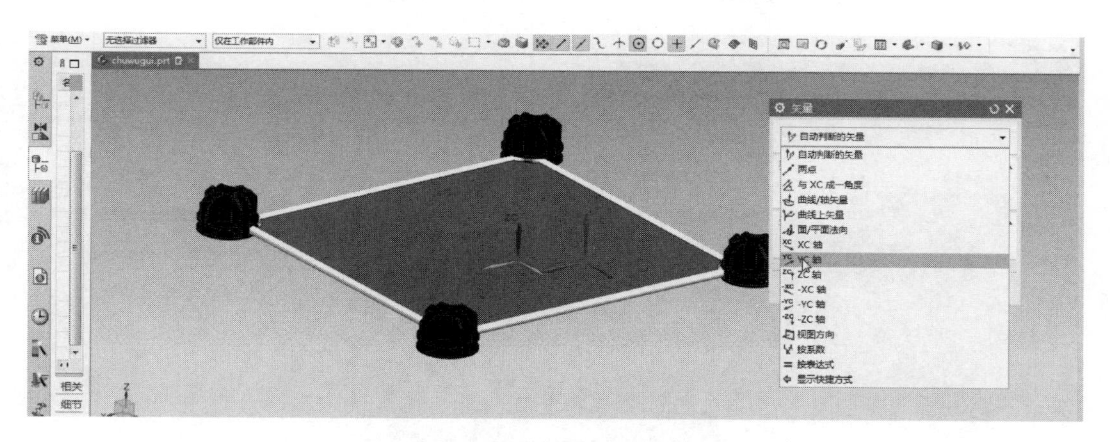

图 3-64　设置侧板旋转轴

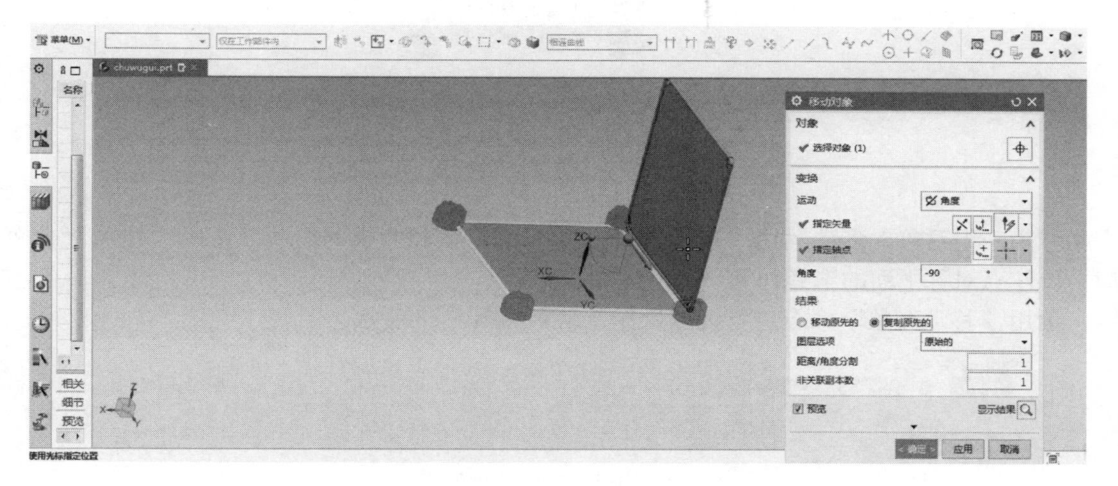

图 3-65　定位侧板

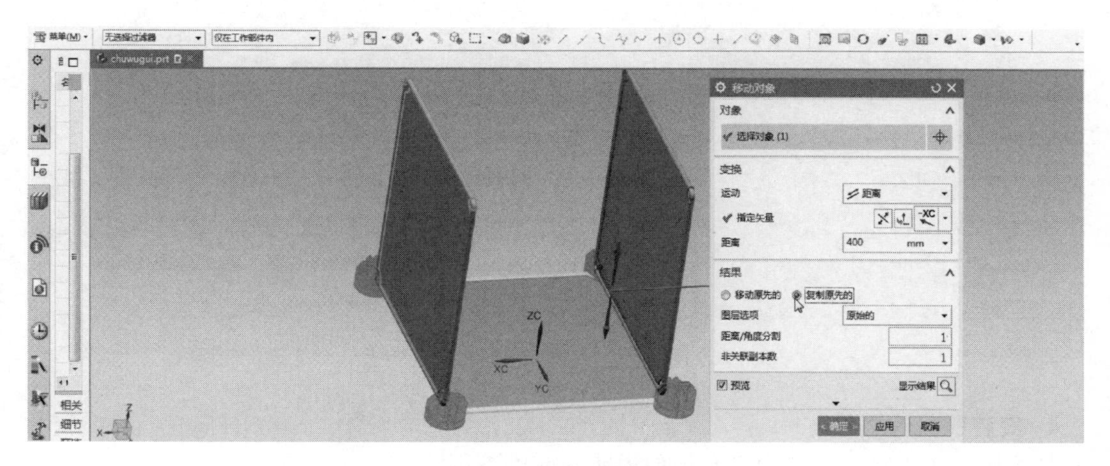

图 3-66　安装两个侧板

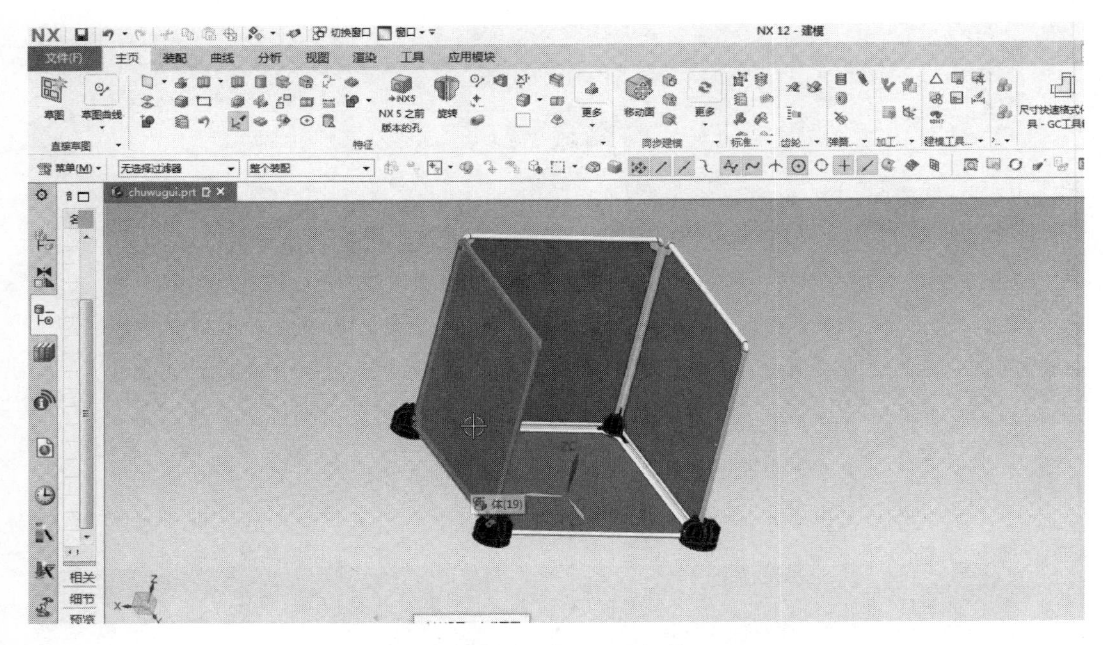

图 3-67　安装后面的侧板

卡扣作为一组对象，多次运用“镜像”命令，完成卡扣和侧板的组装。使用“镜像”命令时，要注意对称平面的选择和 WCS 坐标系的定位。

运用“移动对象”命令进行镜像操作，结果如图 3-68 所示。

图 3-68　镜像门板和侧板

4. 安装前其他组件

具体操作步骤在本任务中已有类似说明，此处不再赘述。

心得体会

在本任务中，需要反复运用“变换”命令，对其中的“平移”与“镜像”命令需要加深理解并灵活运用。

学习随笔

项目四　UG NX 12.0 基础

项目目标

1. 熟悉 UG NX 12.0 软件的用户界面，以及“新建”“打开”“保存”“删除”等命令的使用方法。

2. 能够熟练运用鼠标和键盘对模型实体进行操作。

3. 灵活运用“特征”工具条中的各命令对模型实体进行编辑。

4. 灵活运用视图选项卡中的各命令对模型实体进行显示和展示。

5. 熟练掌握图层的使用方法。

6. 掌握运用和移动坐标系的各种方法。

7. 灵活运用“分析”选项卡中的各命令对模型实体参数进行分析。

8. 掌握快捷键的使用和设置方法。

任务一　基本命令一

任务目标

熟练掌握 UG NX 12.0 软件的“新建”“打开”“保存”“变换”“旋转”等命令的操作方法。

任务描述

对 UG NX 12.0 软件的部分常规命令的操作进行回顾，例如“新建”“打开”“保存”“删除”“变换”“旋转”“镜像”等。

任务实施

一、UG NX 12.0 软件的文件管理

文件管理主要包括“新建”“打开”“保存”“关闭”“导入”“导出”等命令。

1. “新建”命令

新建文件可通过执行“文件”→“新建”菜单命令（图 4-1）或单击“新建”按钮，弹出“新建”对话框，如图 4-2 所示，在“模版”选项区域中选择“模型”选项，在“新文件名”文本框中输入文件名，在“文件夹”文本框中设置文件保存路线，单击“确定”按钮，进入 UG NX 12.0 软件用户界面。

2. “打开”命令

打开文件可通过以下方式进行：

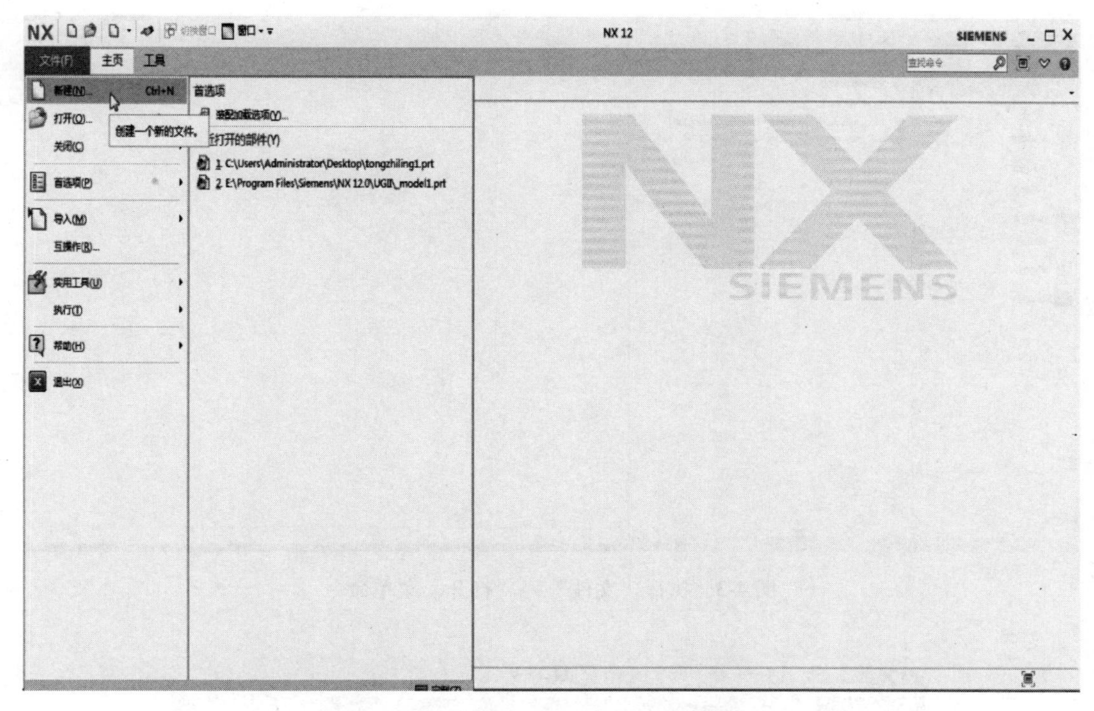

图 4-1 执行“文件”→“新建”菜单命令

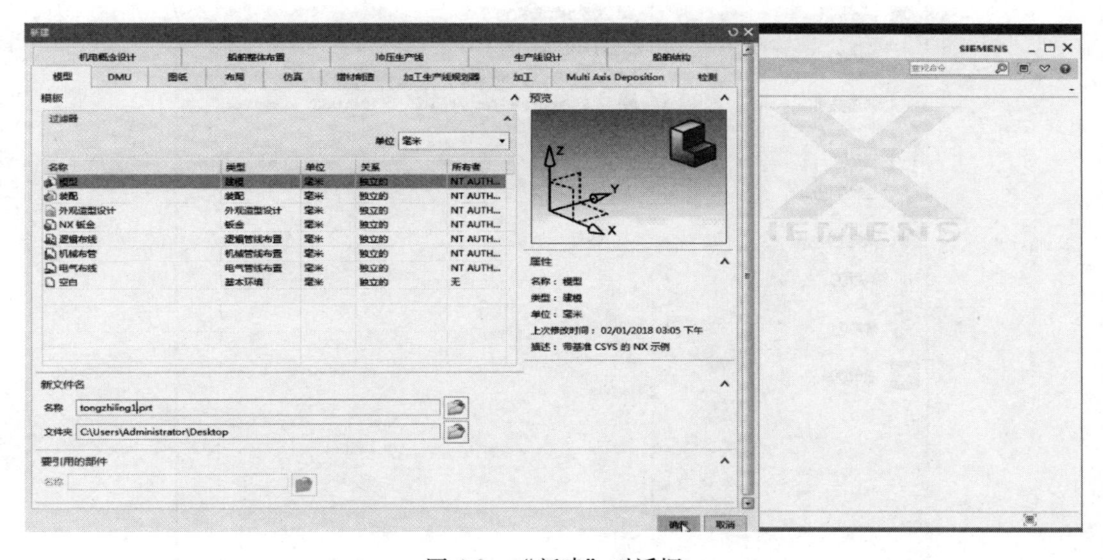

图 4-2 “新建”对话框

1）执行“文件”→“打开”菜单命令，如图 4-3 所示。

2）单击“打开”按钮。

3）执行“文件”→“最近打开的部件”菜单命令打开最近打开过的文件，如图 4-4 所示。

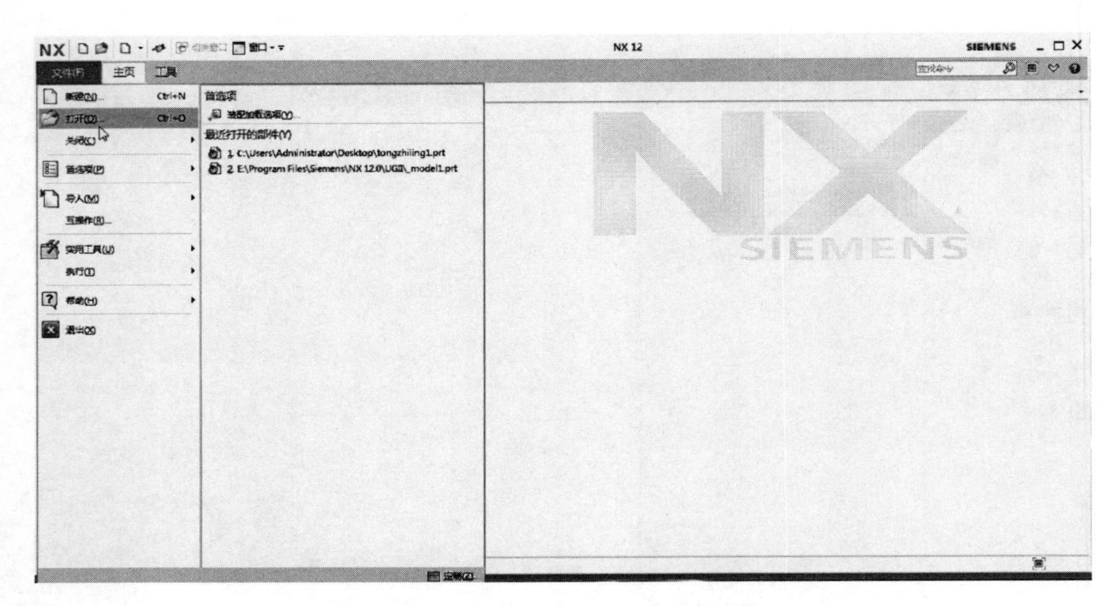

图 4-3 执行“文件”→“打开”菜单命令

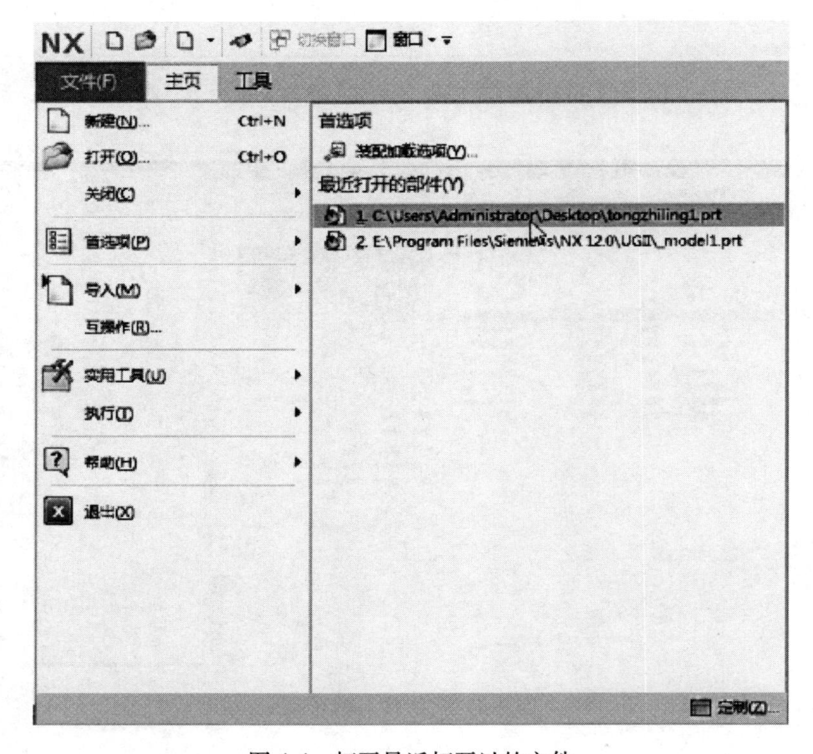

图 4-4 打开最近打开过的文件

3. “保存”命令

保存文件既可以保存当前文件，也可以将文件另存，还可以保存显示文件或对文件实体数据进行压缩。

保存文件可通过以下方式进行：

1）执行“文件”→“保存”→“保存”菜单命令。

2）单击“保存”按钮，如图 4-5 所示。

3）执行“文件”→“保存”→“另存为”菜单命令，如图 4-6 所示，弹出“选择目录”对话框，需要在对话框中选择保存目录，输入新的文件名字，再单击“确定”按钮，完成文件的保存。

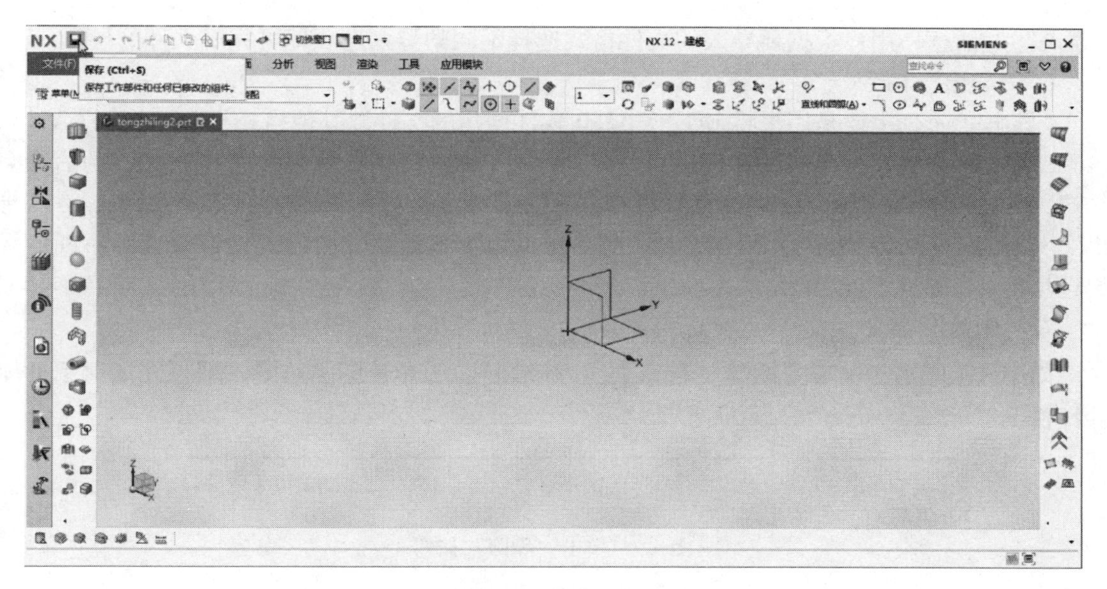

图 4-5　保存文件

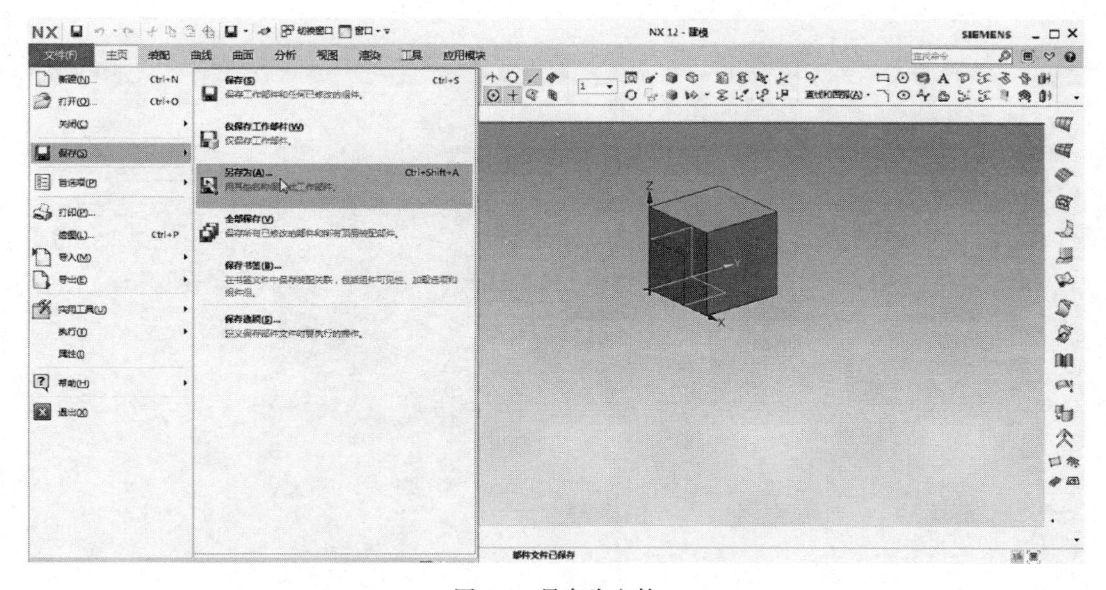

图 4-6　另存为文件

4. “关闭”命令

“关闭”命令主要用来关闭当前正在运行的文件，执行“文件”→“关闭”菜单命令，弹出“关闭”对话框，它包含了多个选项，根据情况进行选择。

5. “导入”命令

“导入”命令主要是将符合 UG NX 软件的文件格式要求的文件导入到 UG NX 软件中，例如 CATIA、Pro/E 等文件格式。在个别文件导入过程中可能出现颜色丢失现象，但导入的文件的其他要素不会丢失。导入方法：执行“文件”→“导入”菜单命令后，系统会打开“导入”对话框，用户根据要导入的文件格式选择不同的导入选项即可完成文件的导入。

6. “导出”命令

“导出”命令主要是用来将 UG NX 12.0 软件创建的文件以其他格式导出，例如 CATIA、Pro/E 等文件格式，使生成的文件不再是以“.prt”为后缀名，而是以与格式相应的后缀名结尾，导出的文件用相应的软件就可以打开并进行编辑。导出方法：执行“文件”→“导出”菜单命令后，系统会打开“导出”对话框，用户根据要导出的文件格式选择不同的导出选项即可完成文件的导出。

7. “删除”命令

如图 4-7 所示，单击“删除”按钮，在绘图区选择被删除对象，即可完成对象的删除操作。

图 4-7 单击“删除”按钮

例如在图 4-8 所示的绘图区选择长方体作为对象，在弹出的菜单中选择“删除”命令（图 4-9）或按快捷键<Ctrl+D>，即可完成长方体的删除操作。

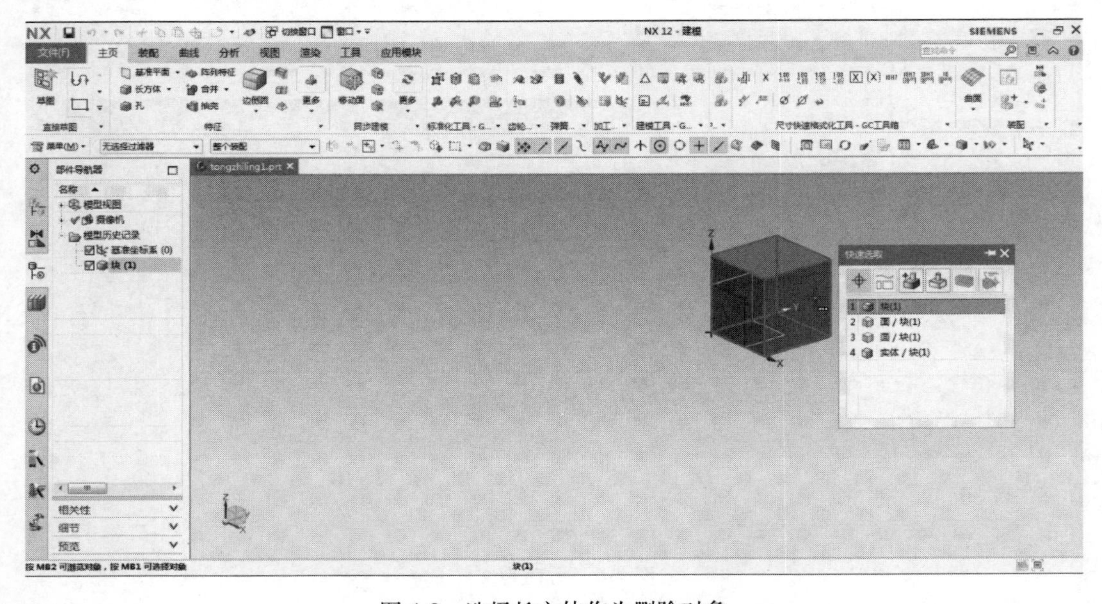

图 4-8 选择长方体作为删除对象

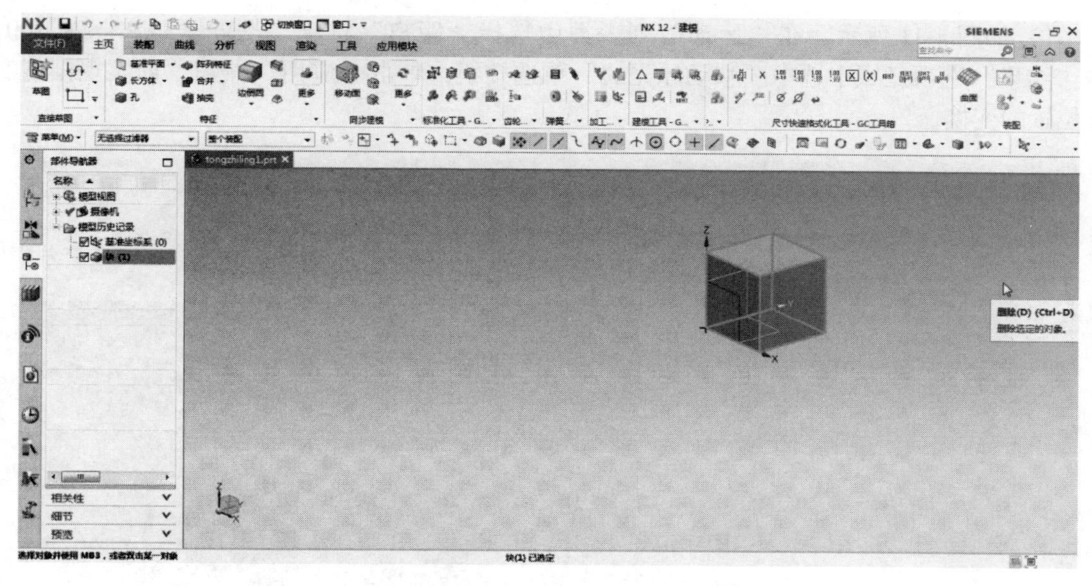

图 4-9　删除长方体

二、“变换”命令

在“变换”命令中有很多经常用到的重要指令，例如“平移”“点到点平移复制”“绕直线旋转”“用平面做镜像”等。

1. 平移对象

这里先简单回顾“平移”命令的操作方法：单击“移动对象”按钮，弹出“移动对象”对话框，在绘图区选择被变换的对象，在对话框中根据“运动”列表框中的选项进行移动方式的选择。常用的有“距离”“增量”“点到点”选项，如图 4-10 所示。

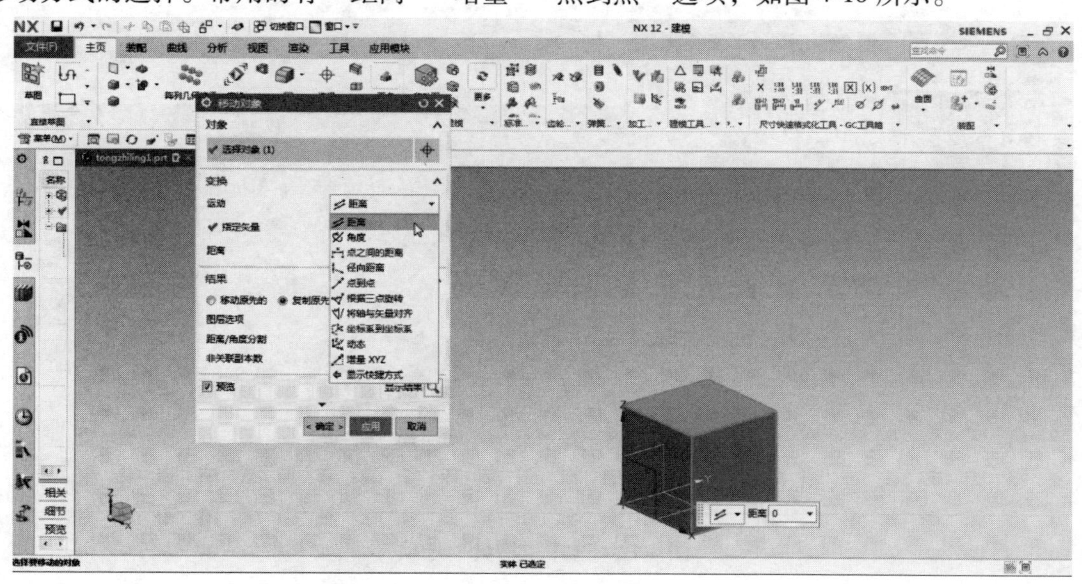

图 4-10　“移动对象”对话框中的“运动”列表框

1）如图 4-11 所示，在“运动”列表框中选择“距离”选项，设置“距离”为 200，在“结果”选项区域中选中“移动原先的”单选按钮，单击“应用”按钮，即实现模型实体位置的变换。

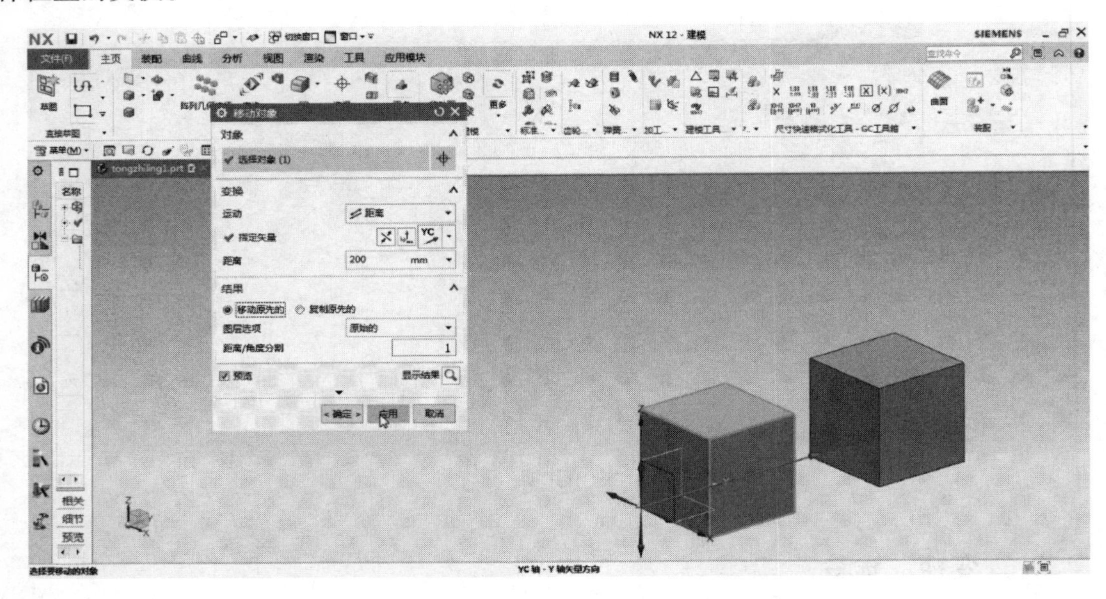

图 4-11　距离变换

若选中“复制原先的”单选按钮，则实现对模型实体的复制。

2）如图 4-12 所示，若选择“增量”选项，则需要在对应的坐标轴上输入移动增量（与坐标轴方向一致为正值，反之为负值），如图 4-13 所示。

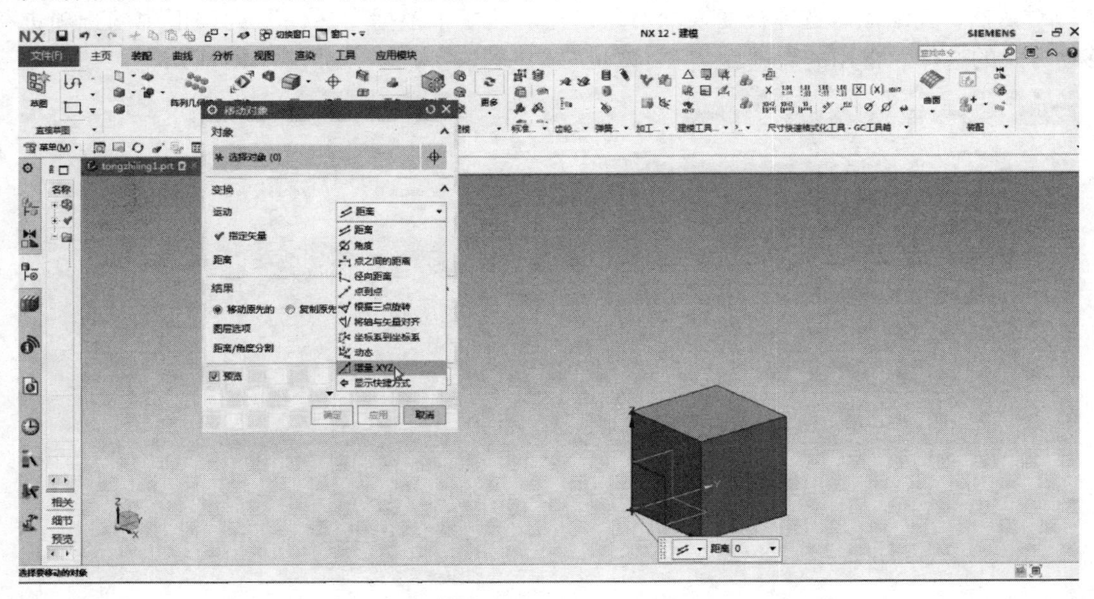

图 4-12　选择“增量”选项

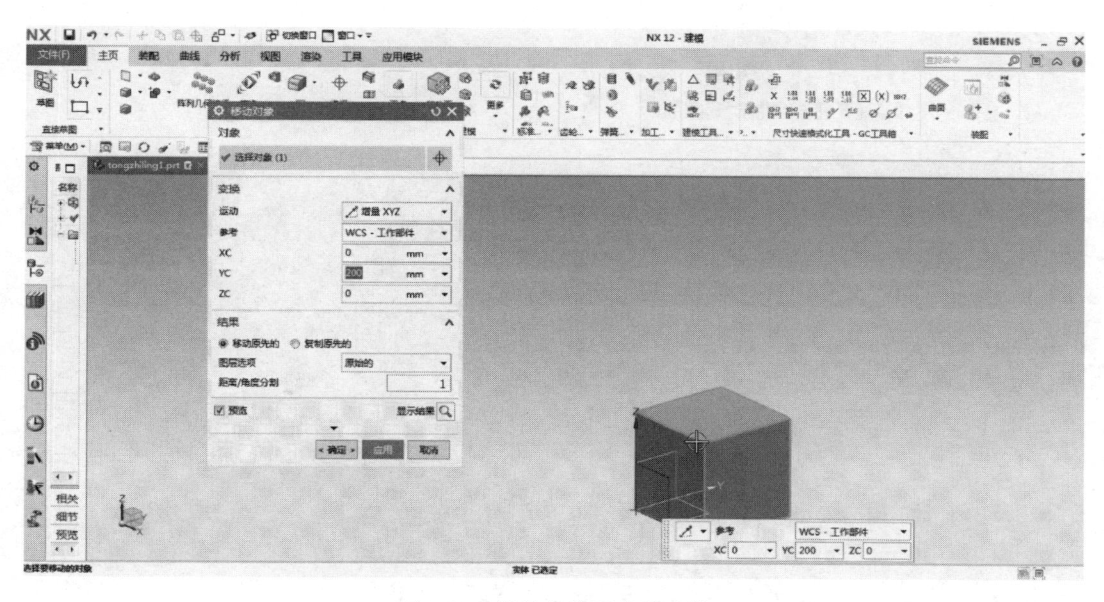

图 4-13 增量变换完成移动体

如图 4-14 所示，在绘图区选择方块作为对象，将“运动”设置为“增量 XYZ”，参考值设置为 200，选中“移动原先的”单选按钮，单击“应用”按钮，即完成将长方体模型沿 Y 轴正向平移 200mm 的操作。

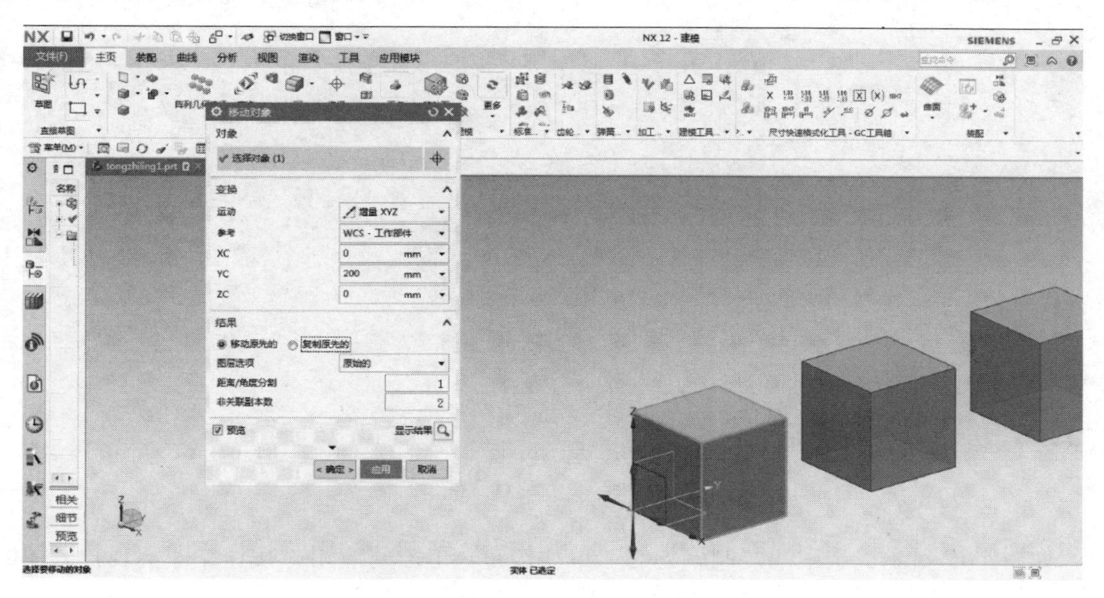

图 4-14 增量变换完成复制体

如图 4-15 所示，选中“复制原先的”单选按钮，则实现对长方体的复制。

3）如图 4-16 所示，若在“运动”列表框中选择“点到点”选择，在绘图区设置出发点为长方体的左前角，将目标点设置为右前角。

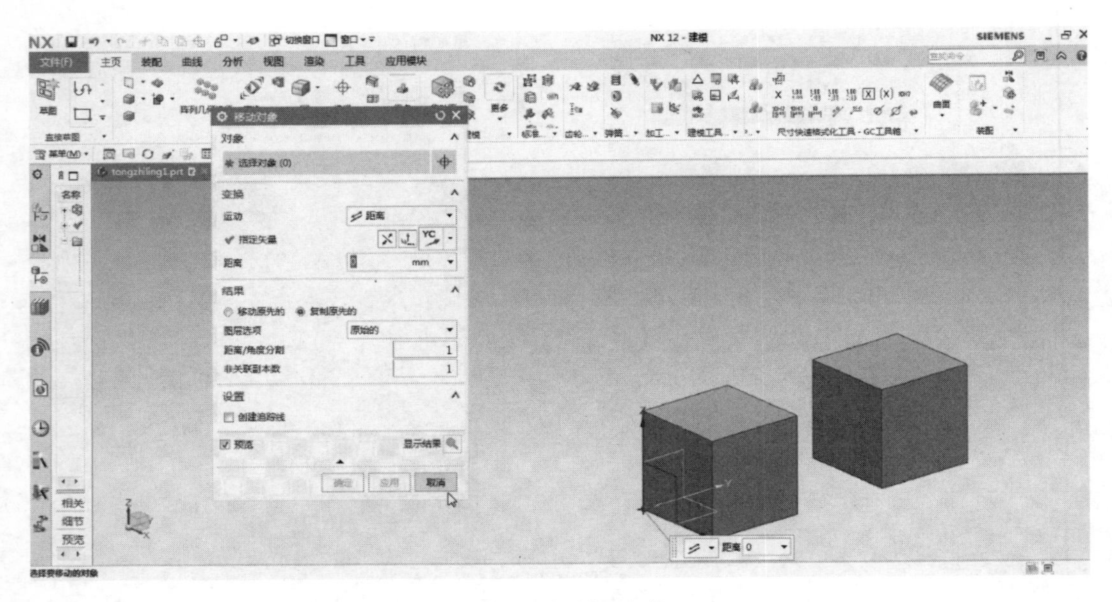

图 4-15　复制长方体

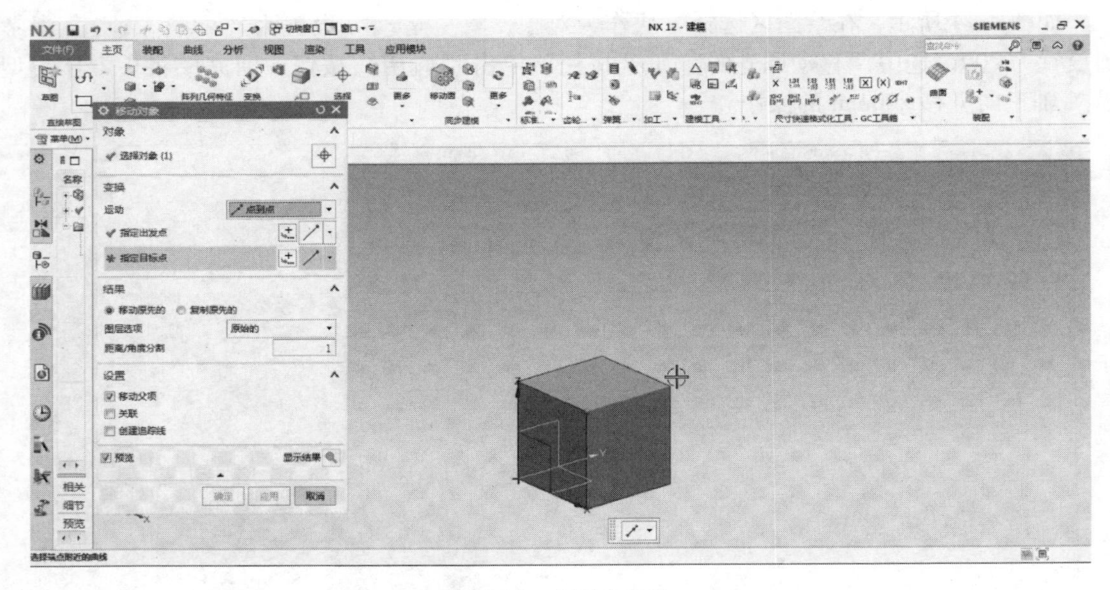

图 4-16　点到点变换

如图 4-17 所示，选中“复制原先的”单项按钮，单击“应用”按钮，即实现长方体的点到点的平移。

2. 旋转对象

单击“移动对象”按钮，弹出“移动对象”对话框，在绘图区选择被移动的对象，在“变换”选项区域的“运动”列表框中选择“角度”选项，设置“指定矢量”为 ZC，“指定轴点”为坐标原点，“角度”为 90°，选中“复制原先的”单选按钮，单击“应用”按

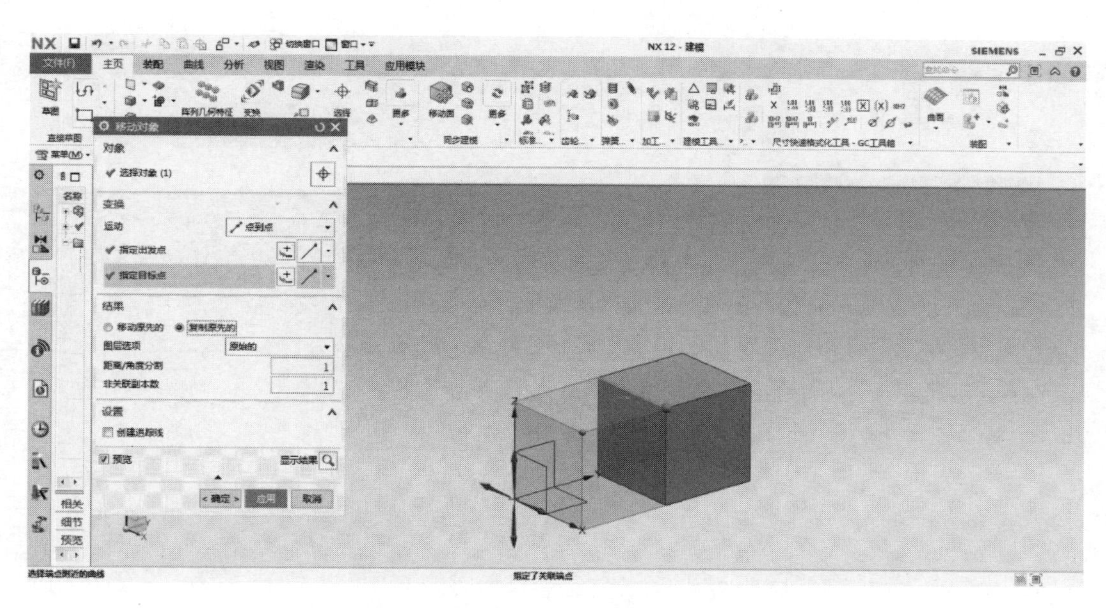

图 4-17　点到点复制

钮，完成长方体的旋转，如图 4-18 所示。

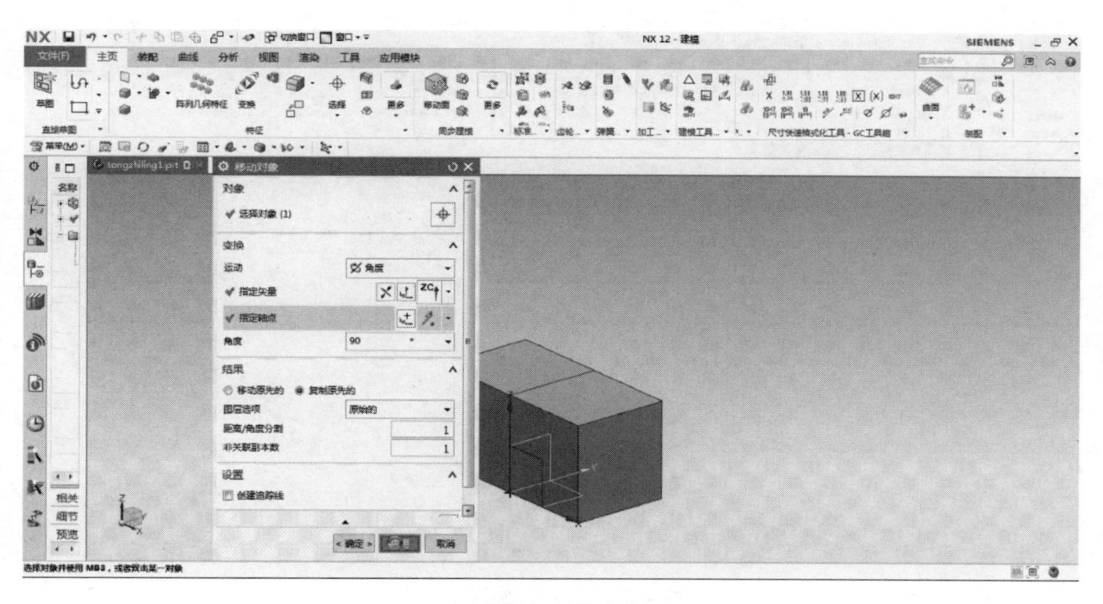

图 4-18　角度变换

若设置“指定轴点”为图 4-19 所示轴，在“结果”选项区域选中“移动原先的”单选按钮，旋转后的结果如图 4-20 所示。

3. 镜像对象

单击“变换”按钮，弹出图 4-21 所示“变换”对话框，在绘图区选择被变换的对象（长方体），单击“确定”按钮。在弹出的对话框中选择“通过一平面镜像”选项，单击

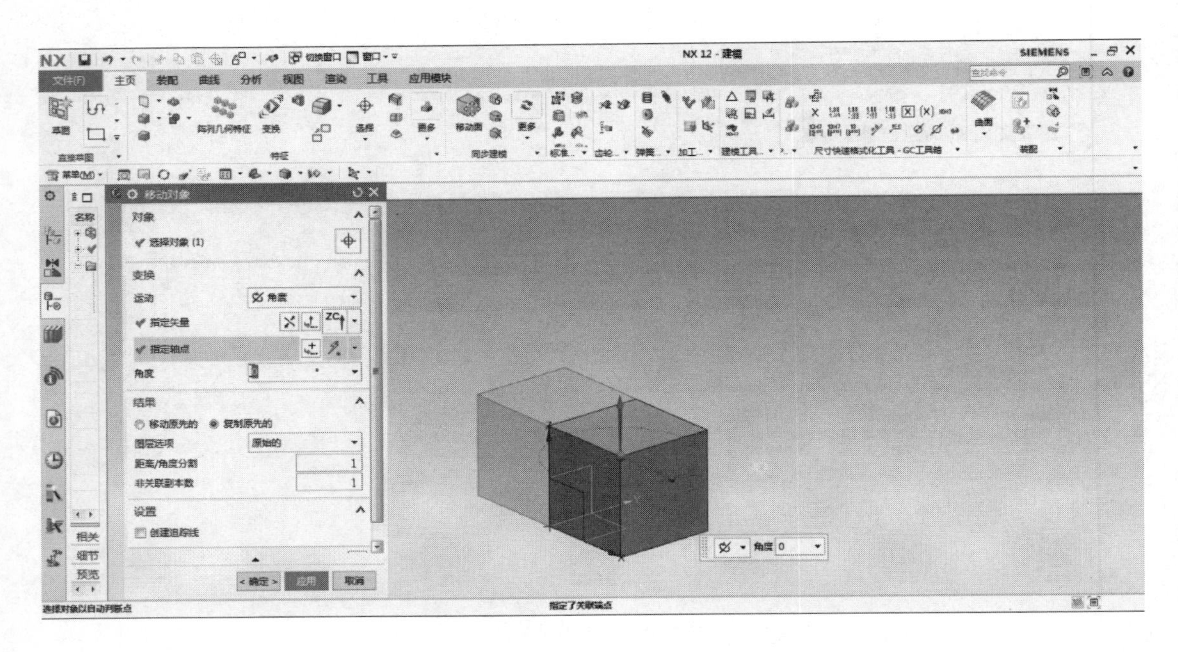

图 4-19　绕直线旋转复制

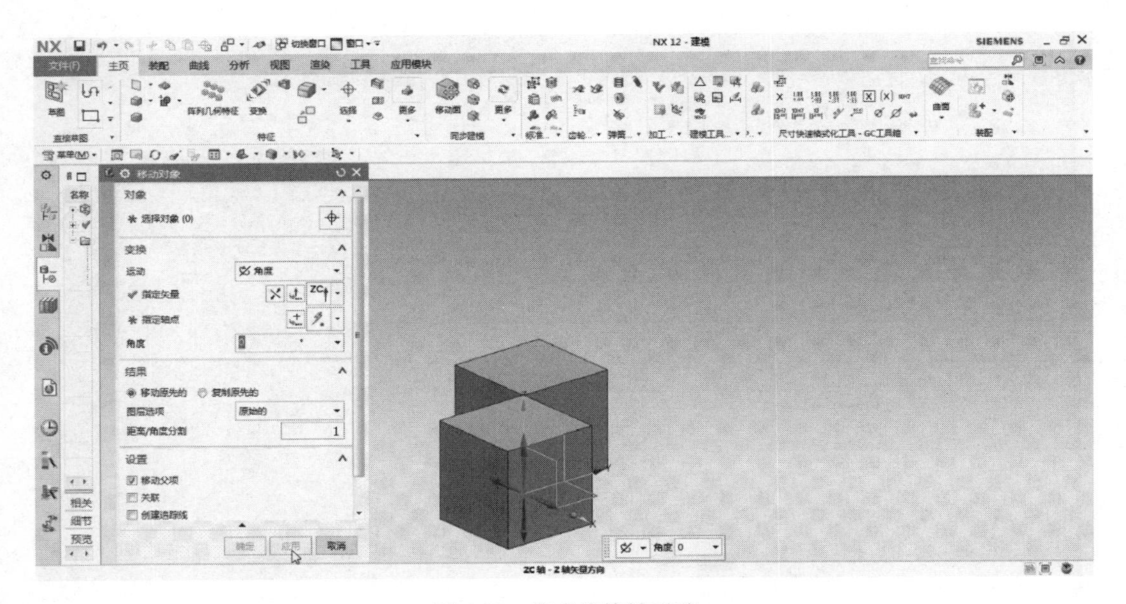

图 4-20　绕直线旋转平移

“确定”按钮，如图 4-22 所示。

在弹出的“平面”对话框中选择“选择对象”选项，在绘图区选择长方体一个侧面为镜像平面，如图 4-23 所示，单击“确定”按钮。

在弹出的“变换”对话框中选择“复制”选项，即实现对长方体的镜像操作，如图 4-24 所示。

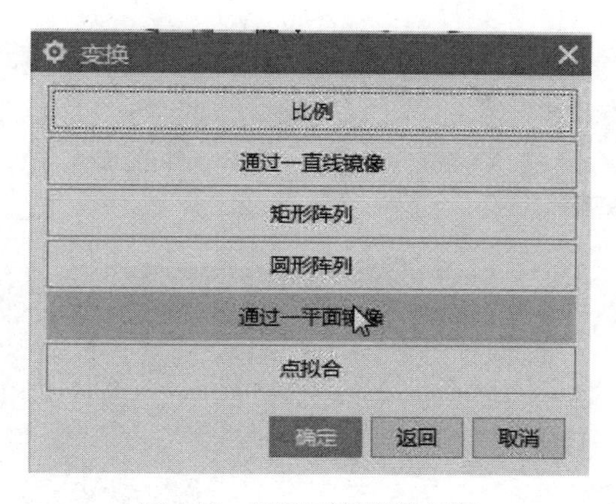

图 4-21　用平面做镜像复制

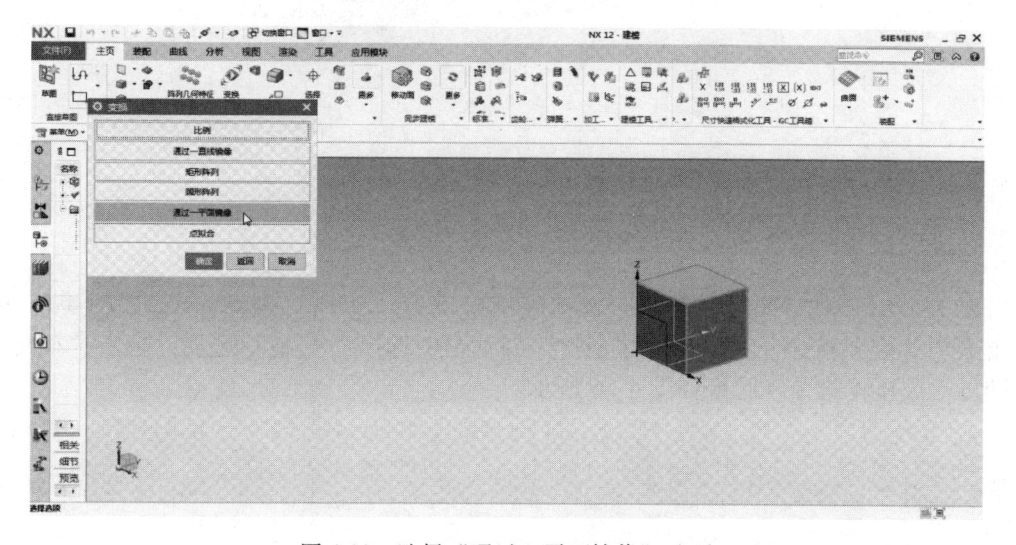

图 4-22　选择“通过一平面镜像”选项

图 4-23　定义平面

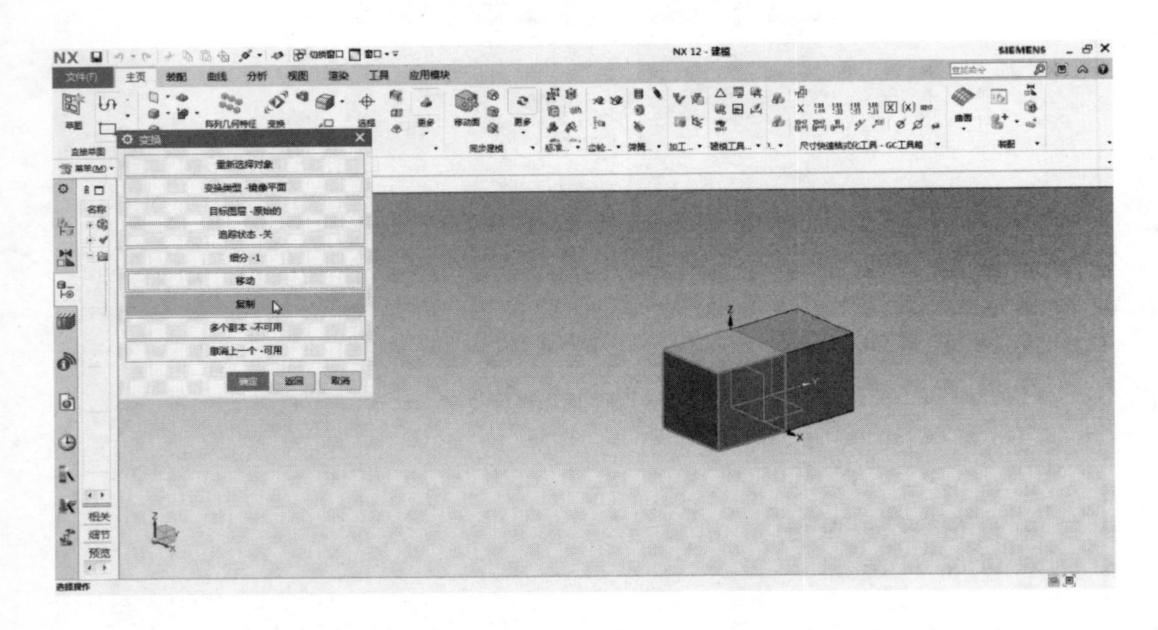

图 4-24　实现镜像操作

若在“平面”对话框中“偏置”选项区域中设置“距离”为 50mm，如图 4-25 所示，然后单击“确定”按钮，在弹出的“变换”对话框中选择“复制”选项，单击“确定”按钮，即可完成镜像指令，结果如图 4-26 所示。

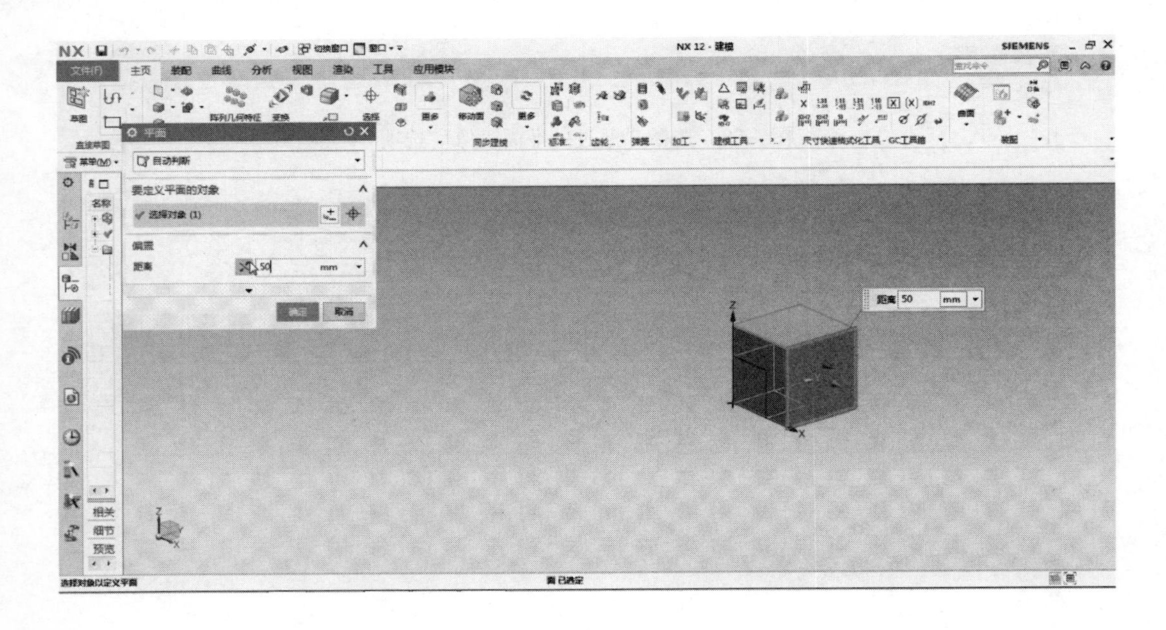

图 4-25　设置偏置距离参数

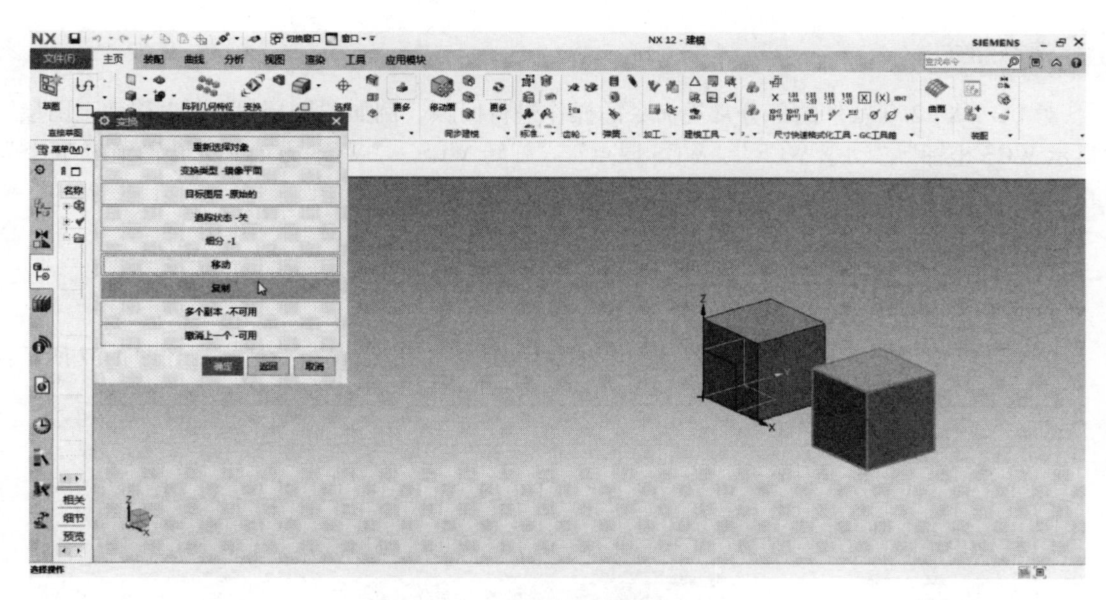

图 4-26　通过偏置距离复制对象

心得体会

通过复习让用户更加熟练掌握 UG NX 12.0 软件的文件管理命令，即“新建”“打开”“保存”等命令，以及熟练运用实体建模中常用命令，即“变换”“旋转”“镜像”等命令。

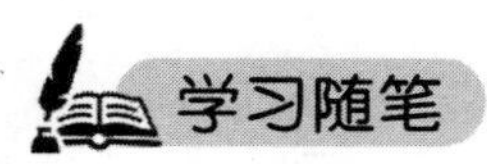

学习随笔

任务二　基本命令二

任务目标

熟练掌握“图层设置”“移动至图层”“显示 WCS 坐标”“动态 WCS”“WCS 原点”“旋转 WCS”“WCS 方向”“储存 WCS”“设置绝对 WCS”“编辑对象显示”“隐藏”“反转”命令的操作方法。

任务描述

对 UG NX 12. 0 软件的部分常规命令的操作进行回顾，例如“图层设置”“移动至图层”“显示 WCS 坐标”“动态 WCS”“WCS 原点”“旋转 WCS”“WCS 方向”“设置绝对 WCS”“存储 WCS”“编辑对象显示”“隐藏”“反转”指令。

任务实施

1. “图层设置”命令

单击“图层设置”或按组合快捷键<Ctrl+L>，弹出“图层设置”对话框，如图 4-27 所示：

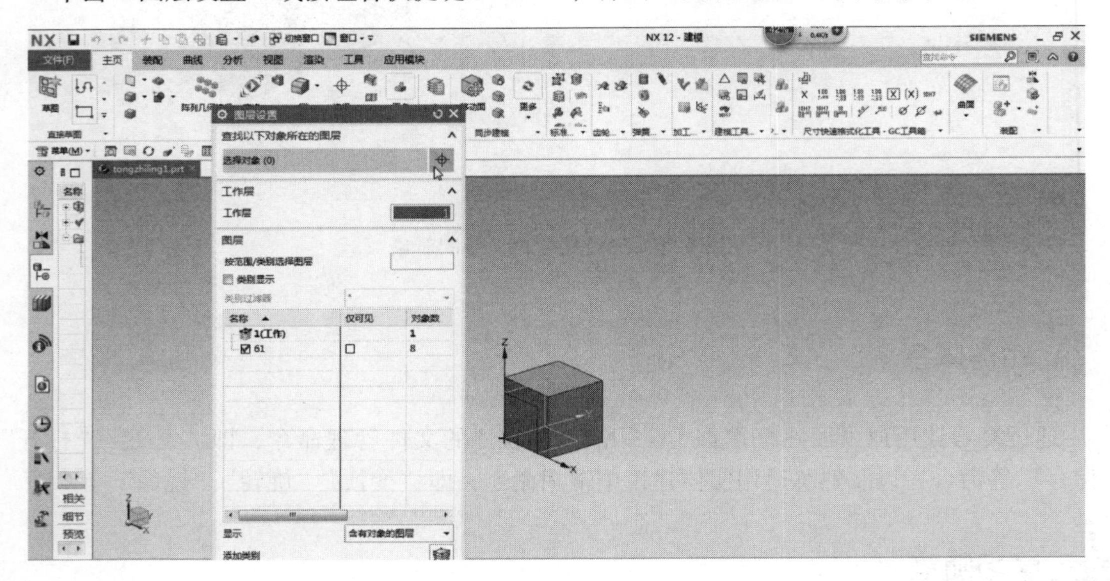

图 4-27 “图层设置”对话框

在对话框里的“工作层”文本框中，输入要设定的图层数，选择一个图层“作为工作层”，之后该层即为“工作层”。

2. “移动至图层”命令

单击“类选择”按钮，弹出“类选择”对话框，如图 4-28 所示，单击“确定”按钮，弹出“图层设置”对话框，在“目标图层或类别”文本框中，输入要移动到的图层数，单击“应用”按钮，即可完成操作，如图 4-29 所示。

3. “显示 WCS 坐标”命令

单击“显示 WCS 坐标”按钮，一般情况下，系统默认 WCS 坐标为显示状态，选择“显示 WCS 坐标”选项，则关闭显示状态。

4. “动态 WCS”命令

单击“动态 WCS”按钮，可以对 WCS 坐标系进行原点移动、按照角度进行旋转等操作。

5. “WCS 原点”命令

单击“WCS 原点”按钮，可以对 WCS 坐标系进行点到点移动的操作。

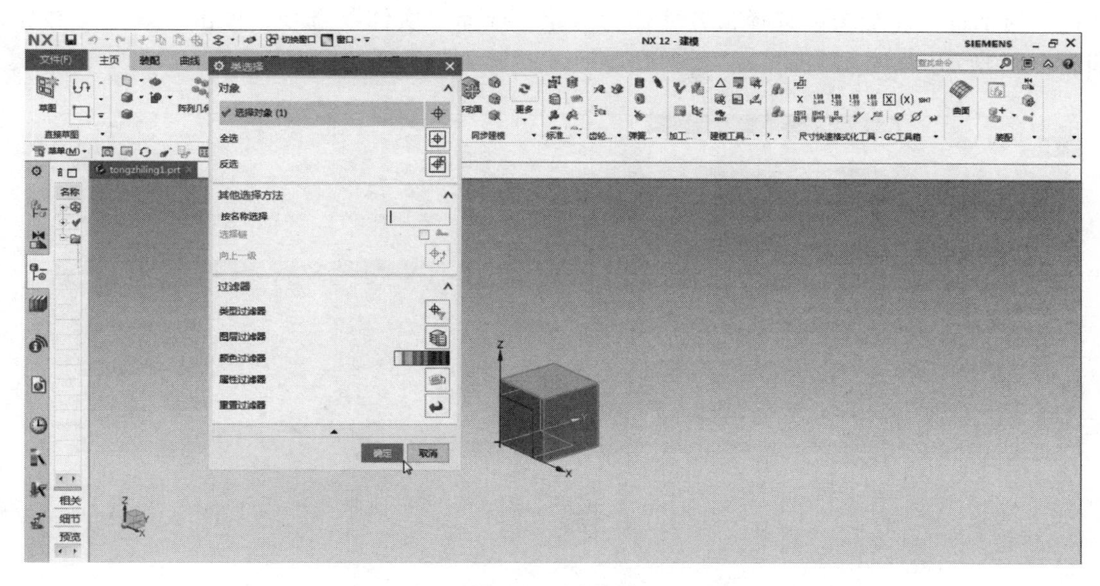

图 4-28　选择对象

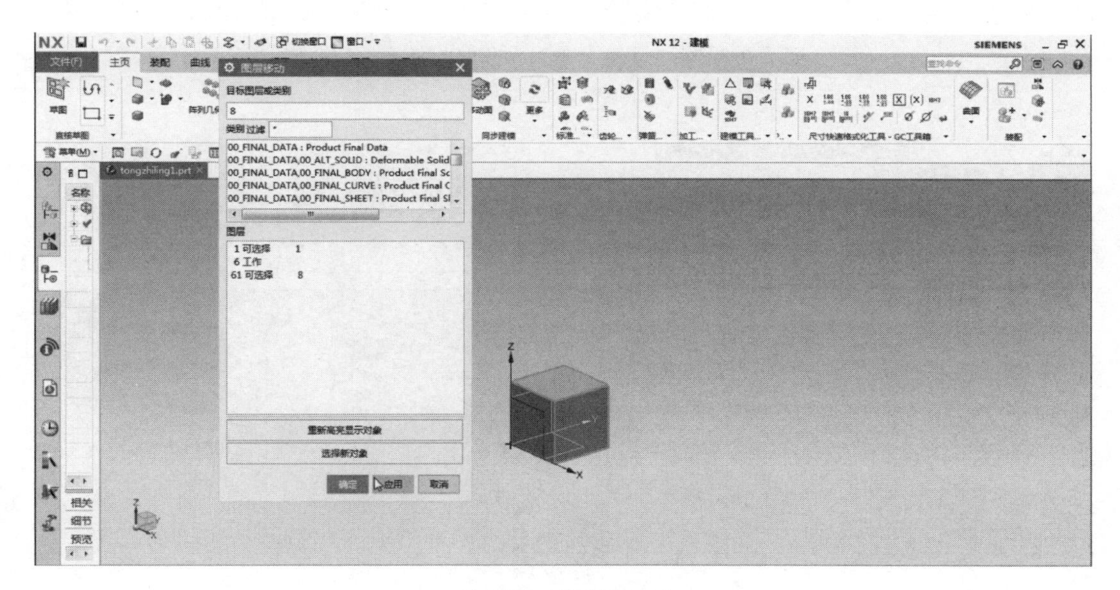

图 4-29　移动至图层

6. “旋转 WCS” 命令

单击“旋转 WCS”按钮，可以对 WCS 坐标系进行角度旋转的操作。

7. “WCS 方向”“存储 WCS”“设置绝对 WCS” 命令

单击“WCS 方向”按钮，可以把 WCS 坐标系放在所选平面的几何中心位置。单击“存储 WCS”按钮和“设置绝对 WCS”按钮，可以把现在的坐标原点位置固定住。

8. “编辑对象显示” 命令

单击“编辑对象颜色”按钮，可以对实体模型的颜色进行调整。

1）如图 4-30 所示，选择“类选择”对话框中的“类型过滤器”选项，弹出“按类型选择”对话框，在绘图区选择长方体作为对象，选择“实体”选项，单击“确定”按钮，如图 4-31 所示。

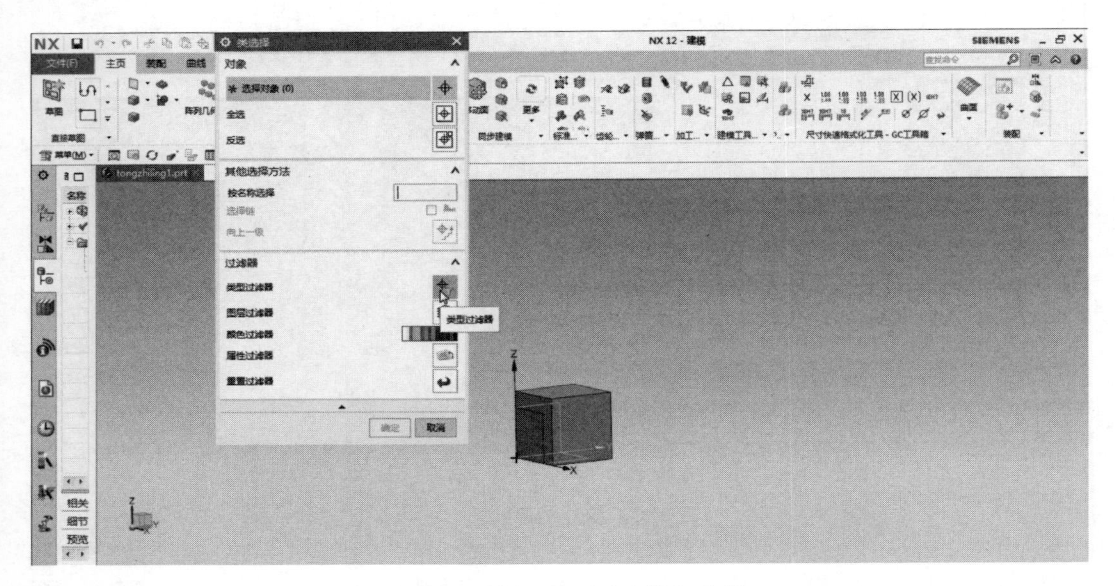

图 4-30　选择“类型过滤器”选项

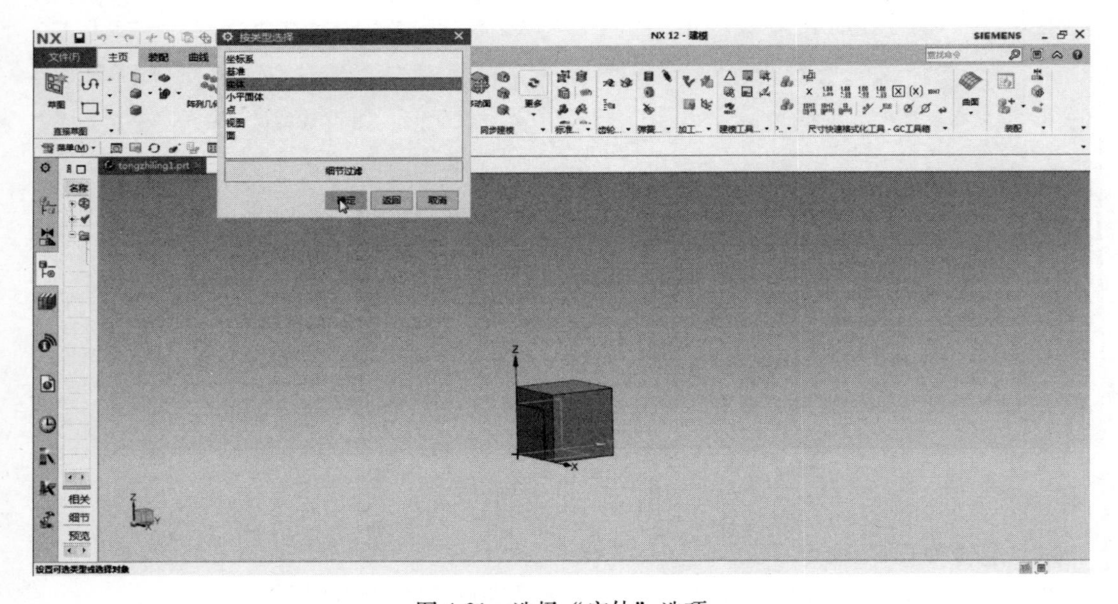

图 4-31　选择“实体”选项

2）选择“类选择”对话框中的“颜色过滤器”选项，弹出“颜色”对话框，如图 4-32 所示，对颜色进行设置，单击“确定”按钮。

3）在弹出的“按类型选择”对话框中选择“面”选项，如图 4-33 所示，在绘图区选择长方体作为对象，单击“确定”按钮。

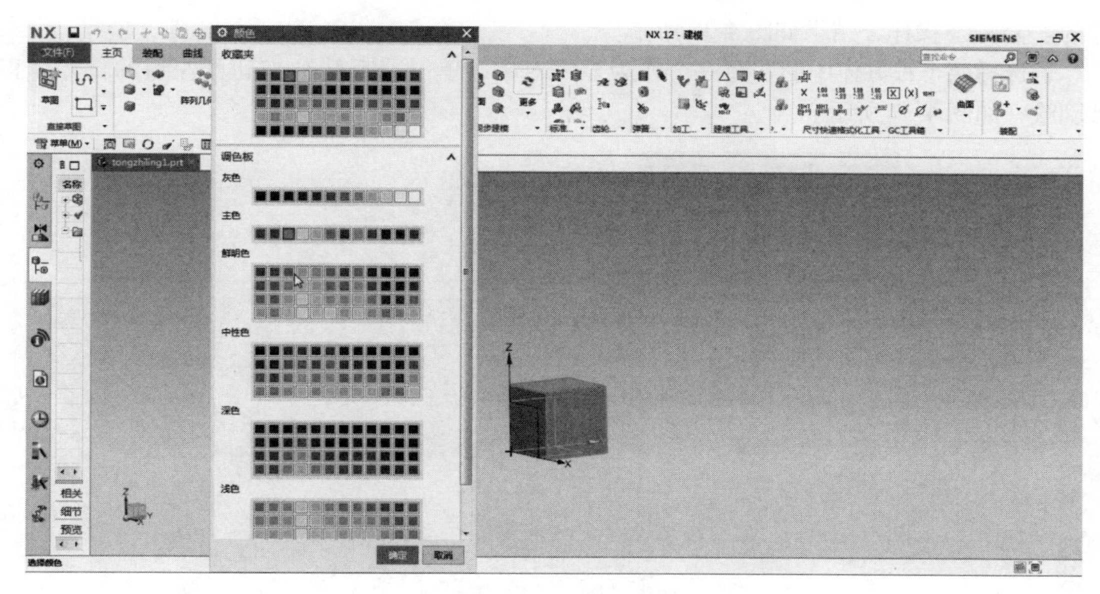

图 4-32　“颜色”对话框

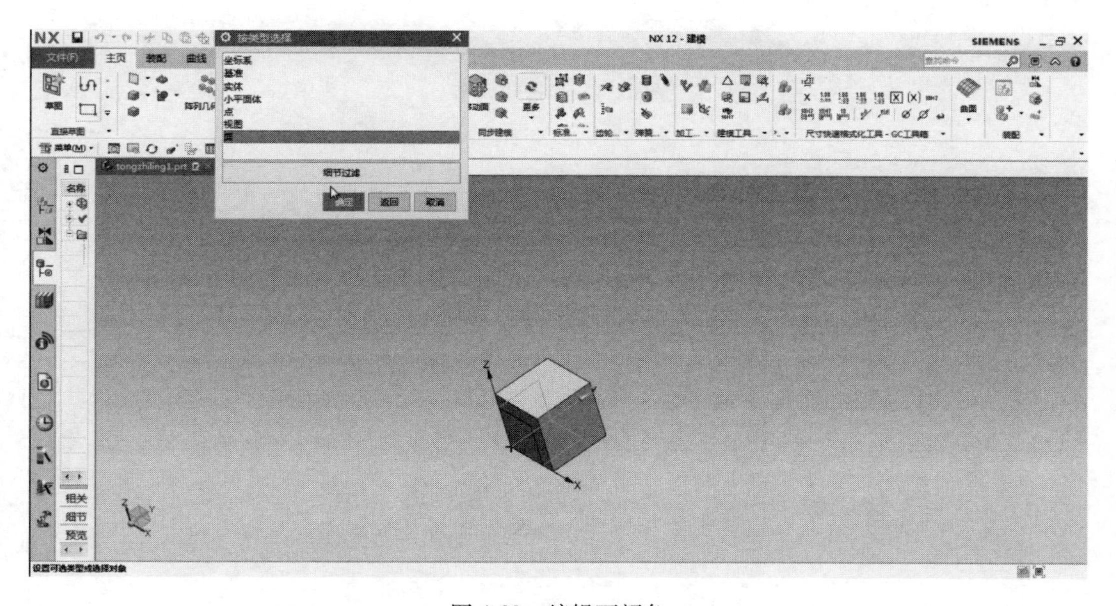

图 4-33　编辑面颜色

4）如图 4-34 所示，单击“编辑对象显示”按钮，在绘图区选择长方体作为对象，在相应的过滤器对话框中选择“实体”选项，通过移动“着色显示”选项区域的“半透明”滑块进行半透明显示调节，调至所需状态，单击“确定”按钮即可。

9. “隐藏”命令和“反转”命令

单击“隐藏”按钮或按组合快捷键<Ctrl+B>，可以对实体进行隐藏。单击“反转”按钮或按组合快捷键<Ctrl+Shift+B>可以对已隐藏对象和未隐藏对象进行互换。

如图 4-35 所示，选择两个长方体作为对象，单击“隐藏”按钮，即可实现对两个长方体的“隐藏”操作，结果如图 4-36 所示。

若选择两个长方体中的右边一个作为显示对象，单击“反转”按钮则左边的长方体将被隐藏，如图 4-37 所示。

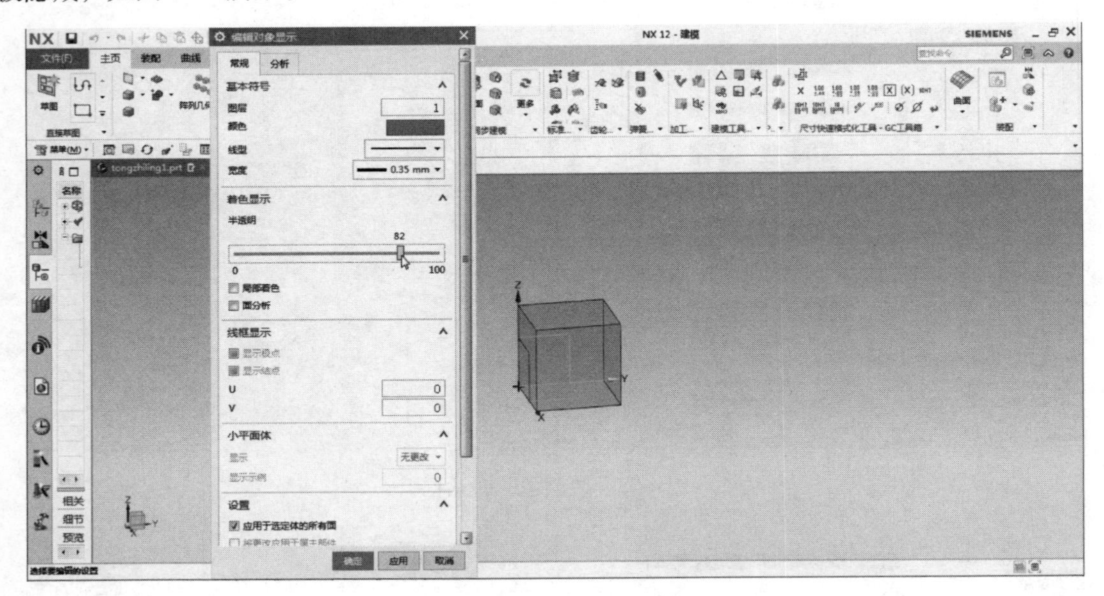

图 4-34 半透明调节

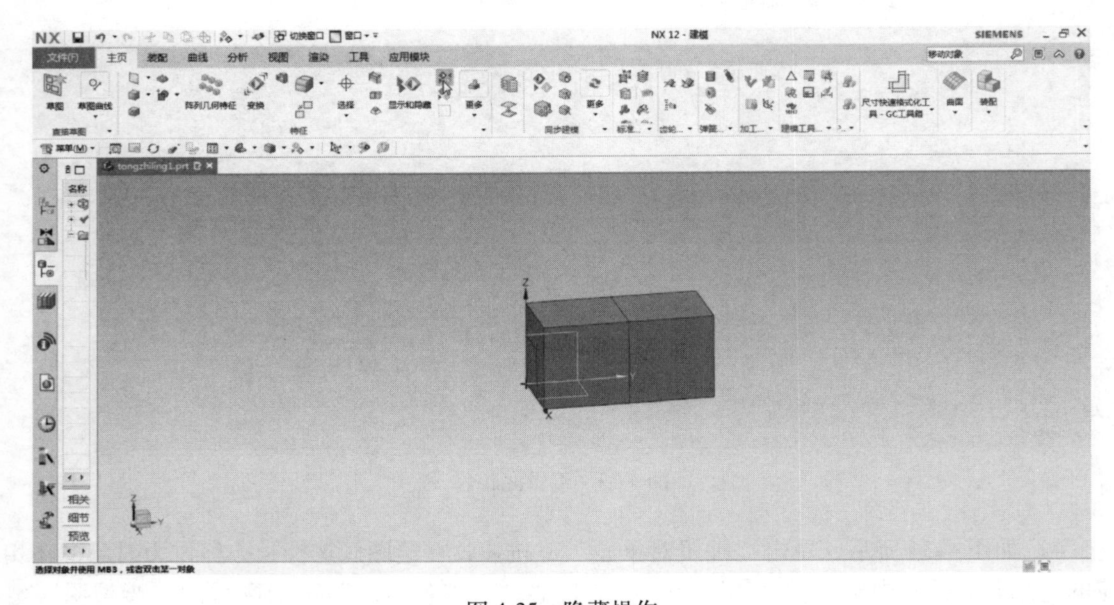

图 4-35 隐藏操作

心得体会

通过复习让用户更加熟练掌握并灵活运用“图层设置”“移动至图层”“显示 WCS 坐

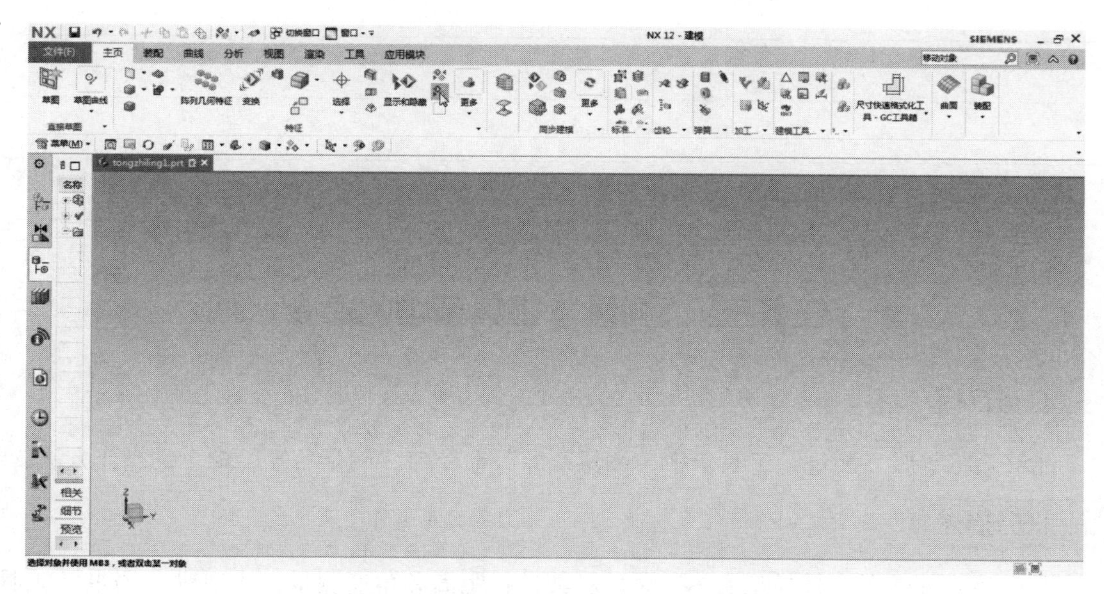

图 4-36　完成“隐藏”操作

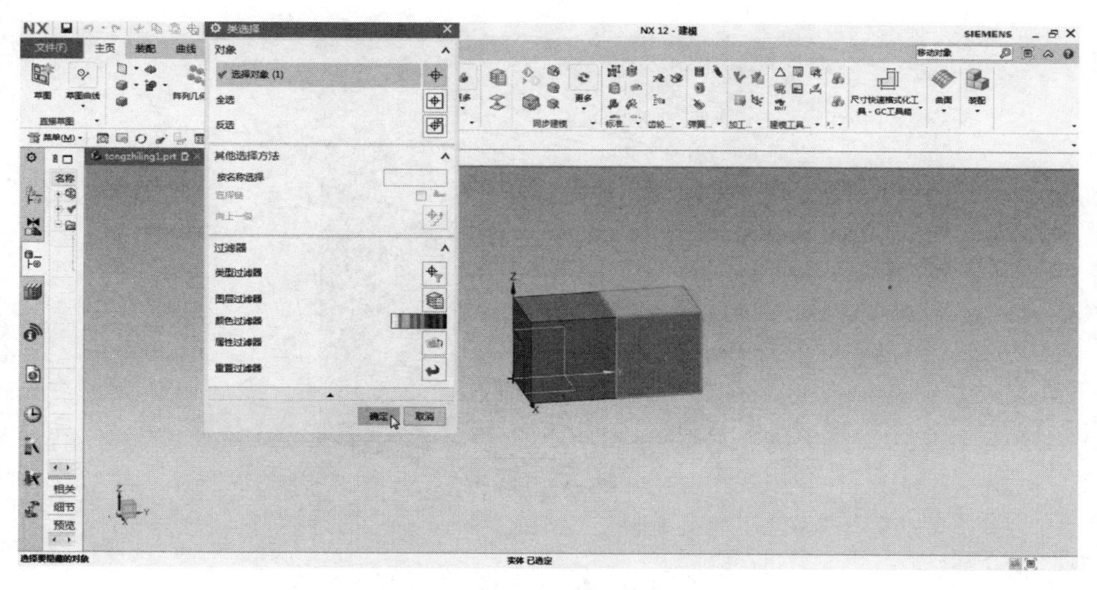

图 4-37　“反转”操作

标”“动态 WCS”“WCS 原点”“旋转 WCS”“WCS 方向”“设置绝对 WCS”“存储 WCS”编辑对象显示”“隐藏”“反转”命令。

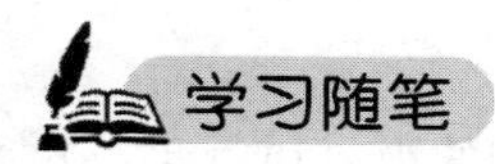

任务三 “测量”工具条中的命令

任务目标

能够熟练掌握“测量”工具条中“测量距离”命令与“测量角度”命令的操作方法。

任务描述

图 4-38 所示为长方体模型实体，通过对其进行距离和角度测量，实现对“测量”工具条中各命令的熟练掌握。

图 4-38 长方体

任务实施

测量距离和角度

在机械设计过程中，常常需要对模型进行摆位置，因此需要测量模型的距离和角度。下面以一个简单的模型为例，来说明测量距离和角度的方法。

1. 测量距离

在绘图区创建一个长方体，单击“分析”选项卡“测量”工具条中的“测量距离”按钮，弹出“测量距离”对话框，选择“距离”选项，在绘图区选择起点和终点，在绘图区显示读取的从起点到终点的距离数值，如图 4-39 所示，单击“确定”按钮，完成测量。

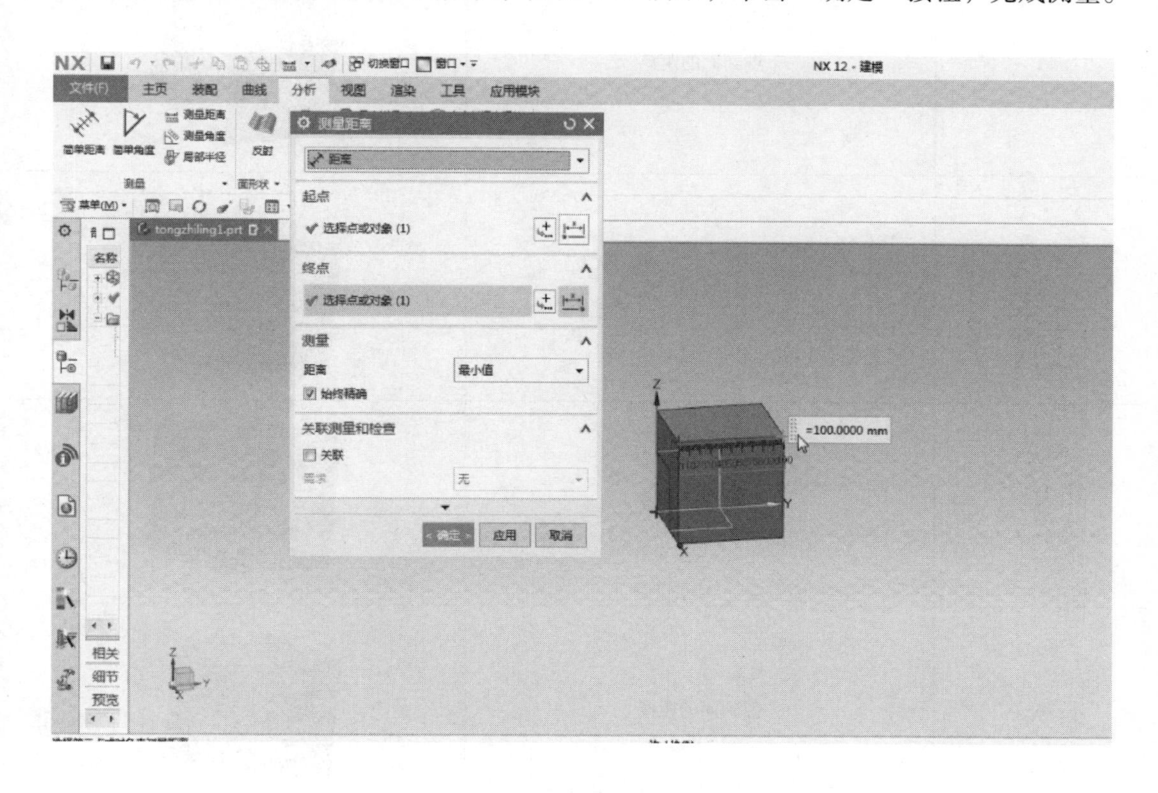

图 4-39 “测量距离”对话框

“测量距离”对话框中不同距离的测量方法见表 4-1。

表 4-1 “测量距离”对话框中不同距离的测量方法

序号	测量距离	测量方法图示
1	点到点的距离	
2	点到线的距离	

（续）

序号	测量距离	测量方法图示
3	点到面的距离	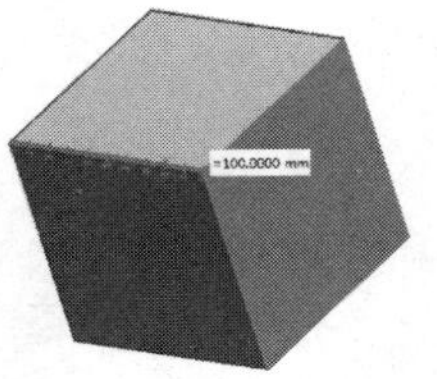
4	线到线的距离	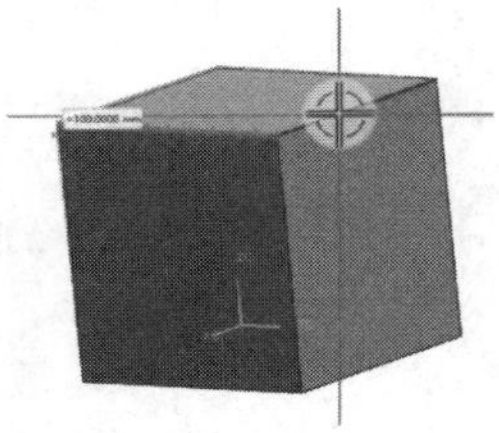
5	线到面的距离	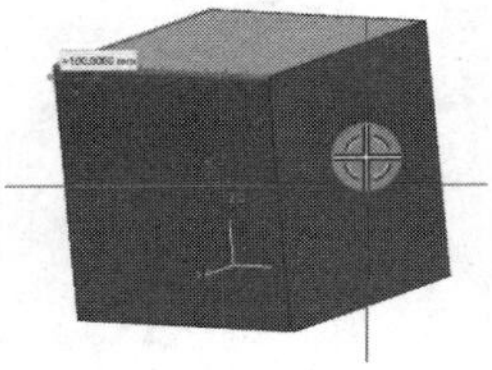
6	面到面的距离	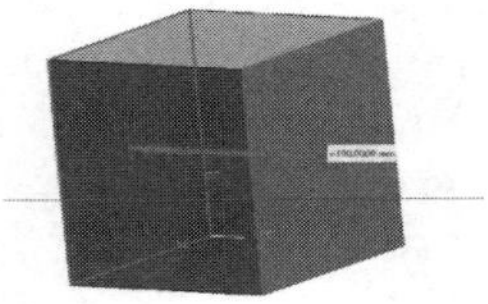

2. 测量角度

在绘图区创建一个长方体，单击“测量”工具条中的“测量角度”按钮，弹出“测量角度”对话框，选择“按对象”选项，在绘图区选择第一个对象和第二个对象，绘图区显示读取的角度数值，如图 4-40 所示，单击“确定”按钮，完成对长方体相邻两个面的角度测量。

“测量角度”对话框中不同角度的测量方法见表 4-2。

表 4-2 “测量角度”对话框中不同角度的测量方法

序号	测量角度	测量方法图示
1	线与线的角度	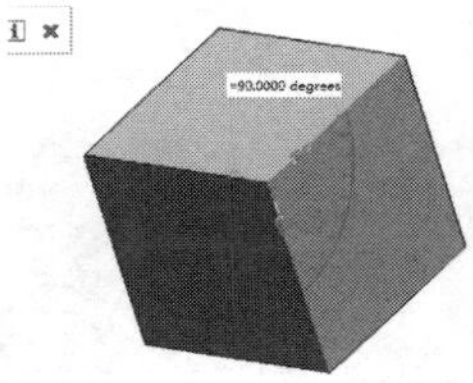

（续）

序号	测量角度	测量方法图示
2	线与面的角度	
3	面与面的角度	

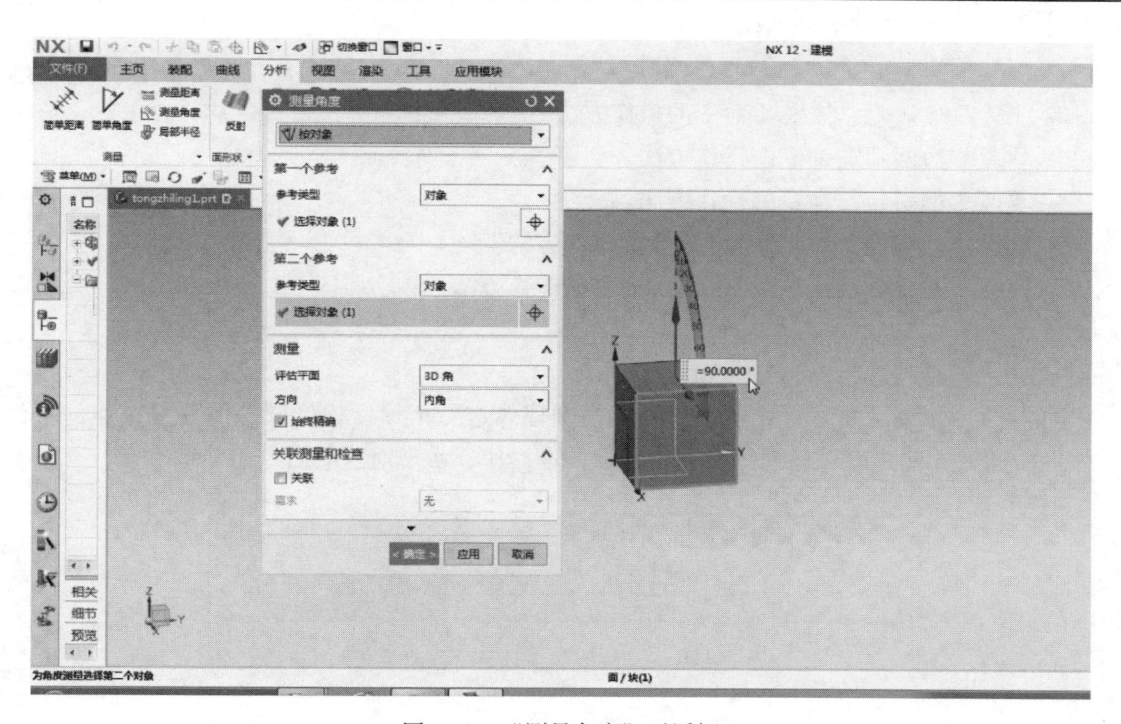

图 4-40　“测量角度”对话框

心得体会

本任务详细讲述了“测量”工具条中“测量距离”“测量角度”命令的操作方法，达到了本任务目标要求。

任务四 “特征”工具条中的命令——特征操作

任务目标

1. 进一步熟悉 UG NX 12.0 软件的用户界面。
2. 能够熟练掌握“拔模”命令的操作方法。
3. 掌握“边倒圆”命令的操作方法。
4. 掌握“倒斜角”命令的操作方法。
5. 掌握“偏置面”“抽壳”等命令的操作方法。
6. 熟练掌握“分割体”“分割面”命令的操作方法。

任务描述

图 4-41 所示为“特征”工具条，通过对圆柱体进行拔模、边倒圆、倒斜角操作，对长方体进行抽壳、偏置面、分割体和分割面等基本操作，实现对这些命令的熟练掌握。

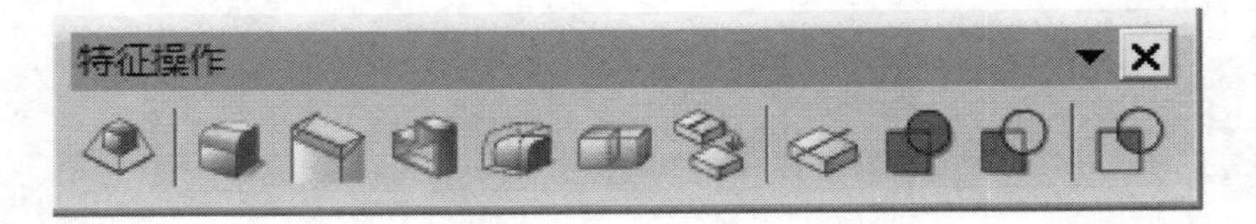

图 4-41 “特征”工具条中各命令

任务实施

1. “拔模”命令

“拔模”命令可对一个部件上的一个或一组面应用斜率，拔模的方式有以下四种：

1）从固定平面拔模：拔模横截面为一平面，拔模操作过程中每个面都要拔模。

2）从固定边缘拔模：拔模操作过程中，除目标面不变外，其余面都进行拔模。

3）对面进行相切拔模：拔模操作后需保持拔模的面与邻近的面相切。

4）拔模到分型边缘：拔模截面为一平面，且在分型边缘有一凸边形式。

图 4-42 所示操作是选用“从固定边缘拔模”的方式对任意一个圆柱体进行拔模。在绘图区创建一个圆柱体，单击“特征”工具条中的“拔模”按钮，弹出“拔模”对话框，设置“指定矢量”为沿圆柱体的轴心方向，“拔模方法”为“固定面”，单击“选择固定面”按钮，在绘图区选择圆柱底面，设置“要拔的面”为圆柱体的侧面“角度”为 10。（拔模角度方向可通过“换向”按钮进行改变），单击“应用”按钮，完成圆柱体的拔模，结果如图 4-43 所示。移除参数并保存。

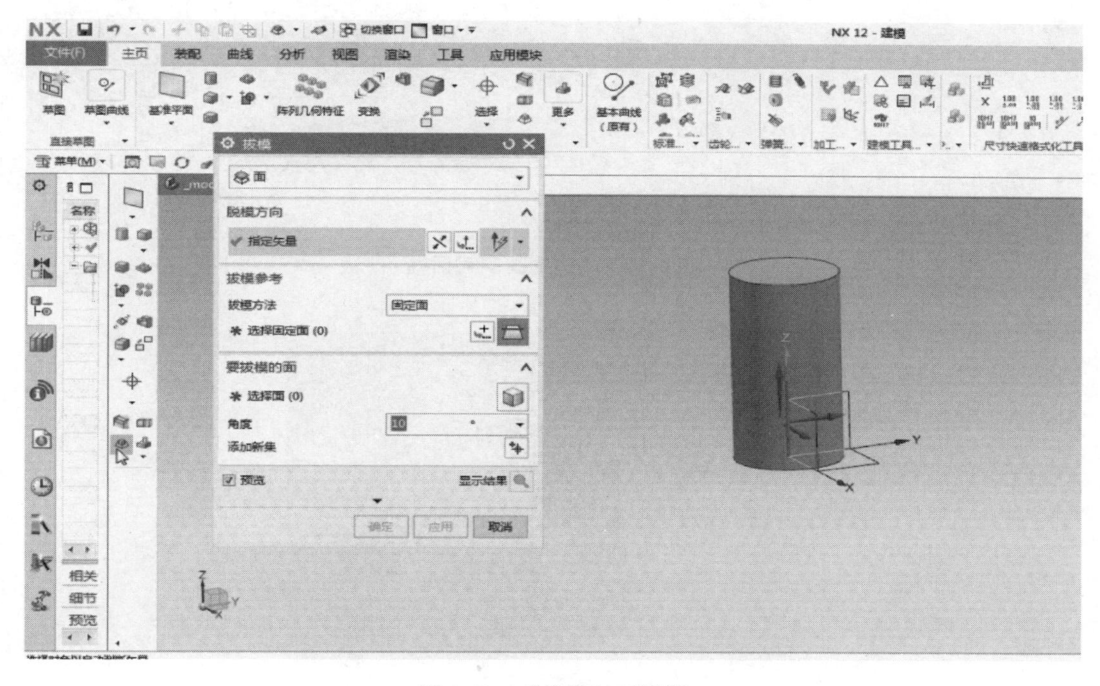

图 4-42　“拔模”对话框

2. “边倒圆”命令

“边倒圆”命令是用指定的倒圆半径将实体的边缘设置成圆柱面或圆锥面。

打开使用“拔模”命令后保存的模型实体，单击“边倒圆”按钮，弹出“边倒角”对话框，如图 4-44 所示，在绘图区选择拔模后圆柱的上边缘作为待倒圆的边进行边倒圆，设置“半径 1”为 10mm，单击“应用”按钮，完成边倒圆的操作，结果如图 4-45 所示。移除参数并保存。

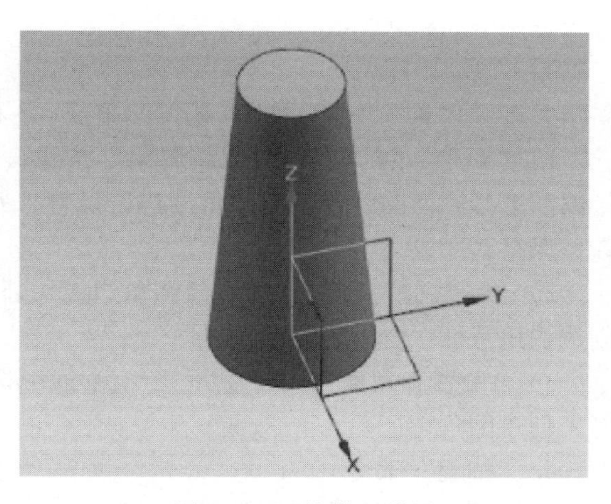

图 4-43　“拔模”结果

3. “倒斜角”命令

又称倒角或去角，是指对面的边进行倒

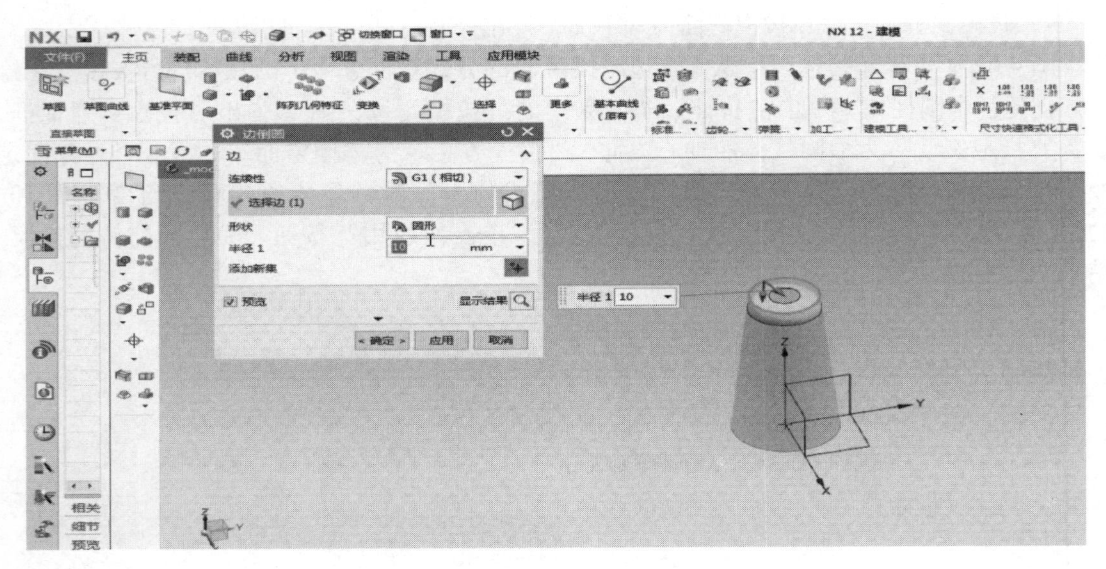

图 4-44　“边倒圆”对话框

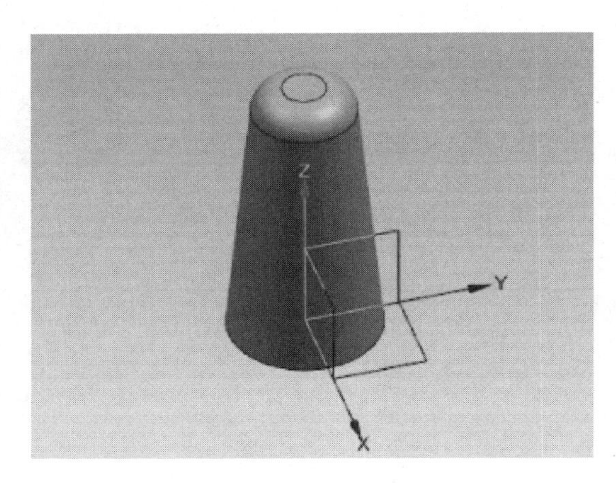

图 4-45　“边倒圆”结果

斜角，有“对称”“非对称”“偏置和角度”3 种方式。

1）“对称”方式：单击“倒斜角”按钮，弹出“倒斜角”对话框，如图 4-46 所示，在绘图区选择底面曲线作为倒斜角的边，设置“距离”为 5mm，结果如图 4-47 所示。移除参数并保存。

2）“不对称”方式：用于与倒角边缘相邻的两个面，两个面均需设置不同的偏置值来创建倒角特征。

3）“偏置和角度”方式：用于与倒角相邻的两个截面，通过设置一个偏置值和一个角度来创建倒角特征。

4. “抽壳”命令

“抽壳”命令是指从指定的平面向某一方向移除或添加一部分材料而形成的具有一定厚度的薄壁体，称为抽壳。

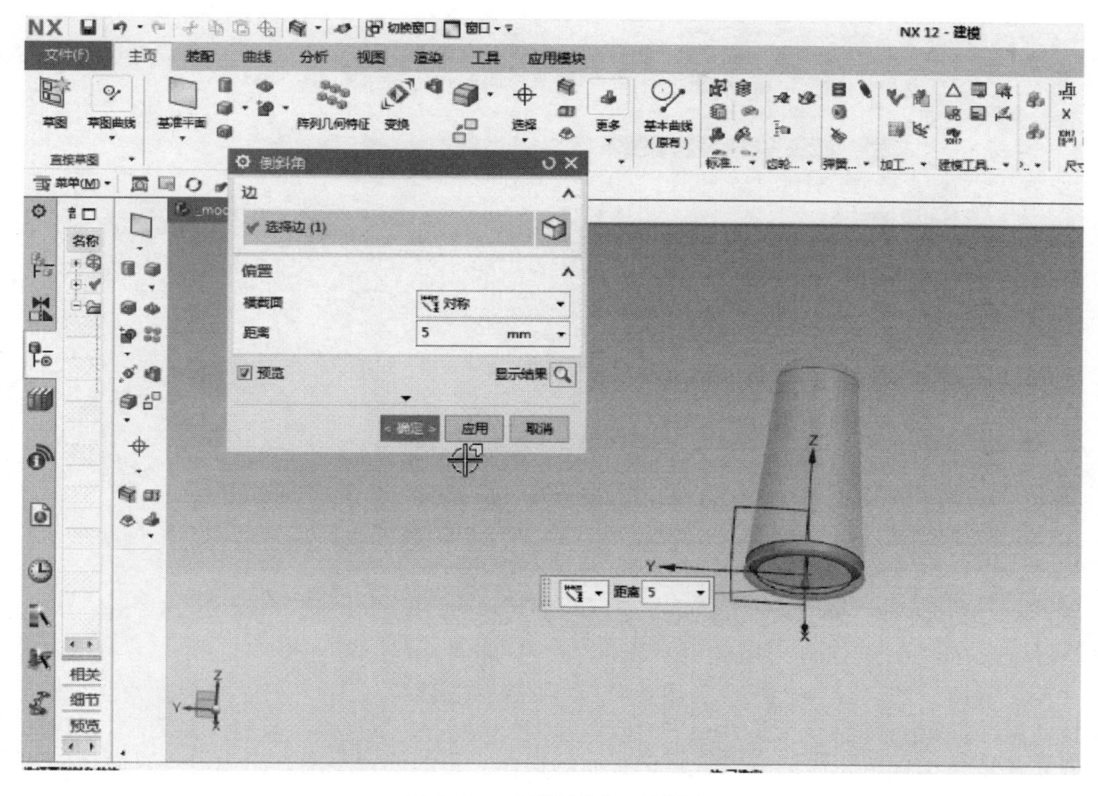

图 4-46　“倒斜角”对话框

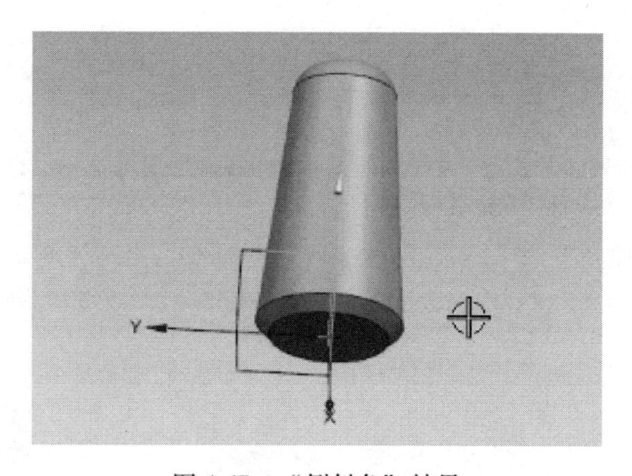

图 4-47　“倒斜角”结果

在绘图区建立任意长方体，单击“抽壳”按钮，弹出“抽壳”对话框，在绘图区选择长方体顶面作为目标平面，设置“厚度”为 20mm，单击“确定”按钮，得到壳体如图 4-48 所示。移除参数并保存。

5.“偏置面”命令

通过“偏置面”命令可以沿面的法向偏置一个体的一个或者多个面，也可以根据正的

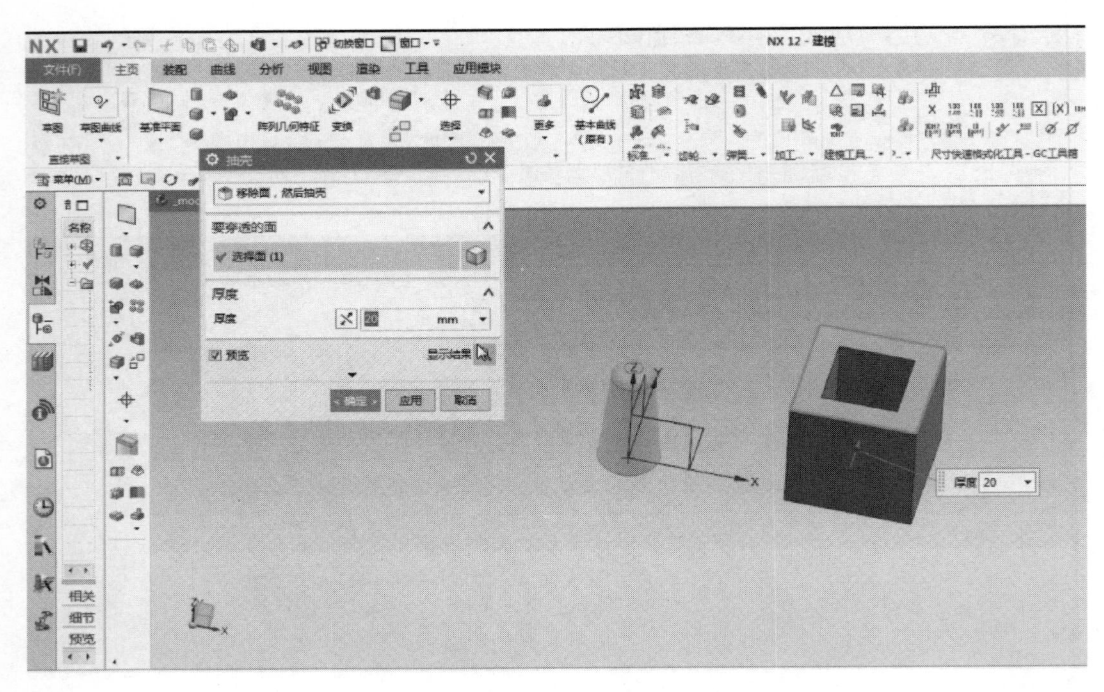

图 4-48　“抽壳”对话框

偏置距离或负的偏置距离的方式进行偏置面的操作。正的偏置距离方向为沿垂直面指向远离实体方向。

单击“偏置面”按钮，弹出“偏置面”对话框，如图 4-49 所示，在绘图区选择要

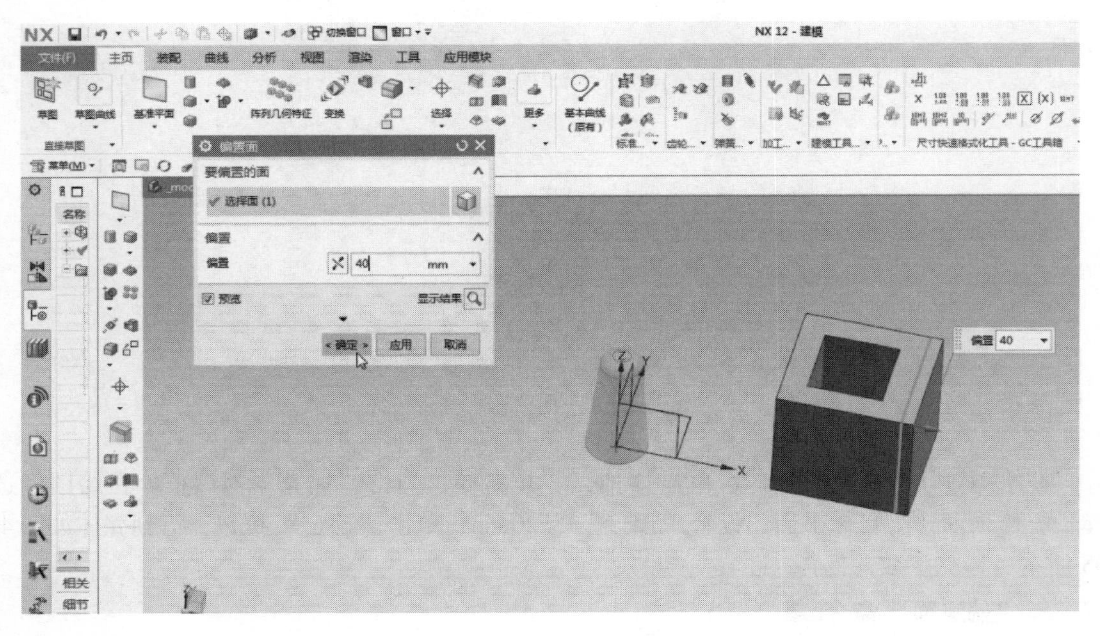

图 4-49　“偏置面”对话框

偏置的面，在“偏置”文本框中输入“40”，单击“确定”按钮完成偏置，结果如图 4-50 所示。移除参数并保存。

图 4-50　“偏置面”结果

6. “分割面”命令

单击“基本曲线”按钮，弹出“基本曲线”对话框，选择“两定点”选项，在绘图区绘制出一条直线，单击“取消”按钮，完成直线的绘制，结果如图 4-51 所示。单击“分割面”按钮，弹出“分割面”对话框，设置“选择面”为直线所在平面，“选择对象”为所绘制的直线，“投影方向”为“垂直于面”，单击“确定”按钮完成面的分割，结果如图 4-52 所示。移除参数并保存。

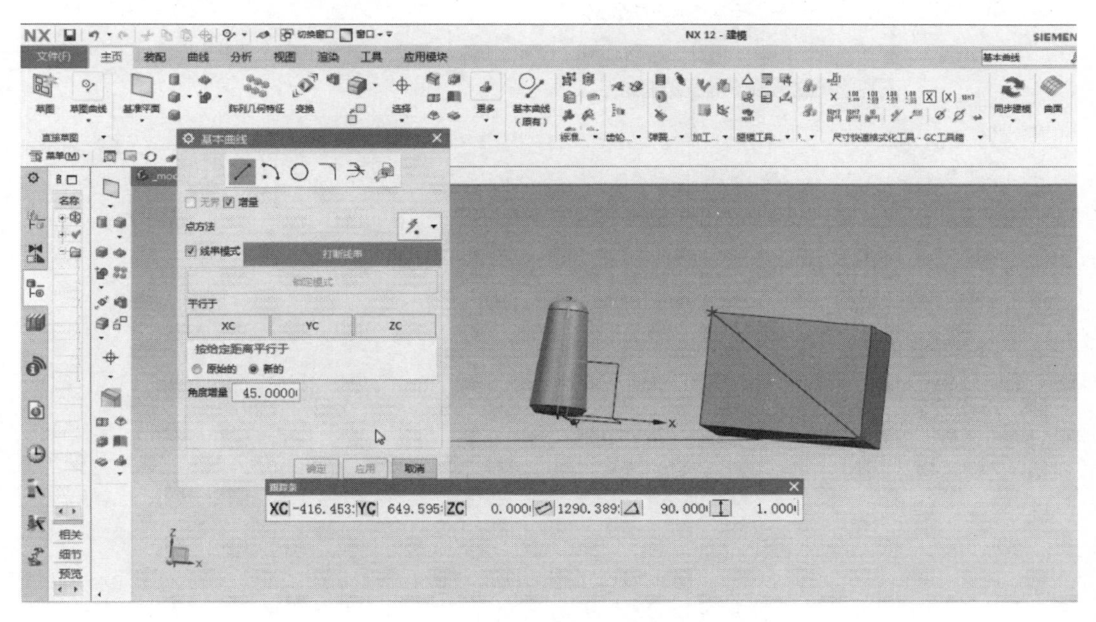

图 4-51　绘制分割直线

7. “连结面”命令

单击“连结面”按钮，弹出“连结面”对话框，选择“在同一曲面上”选项，在弹

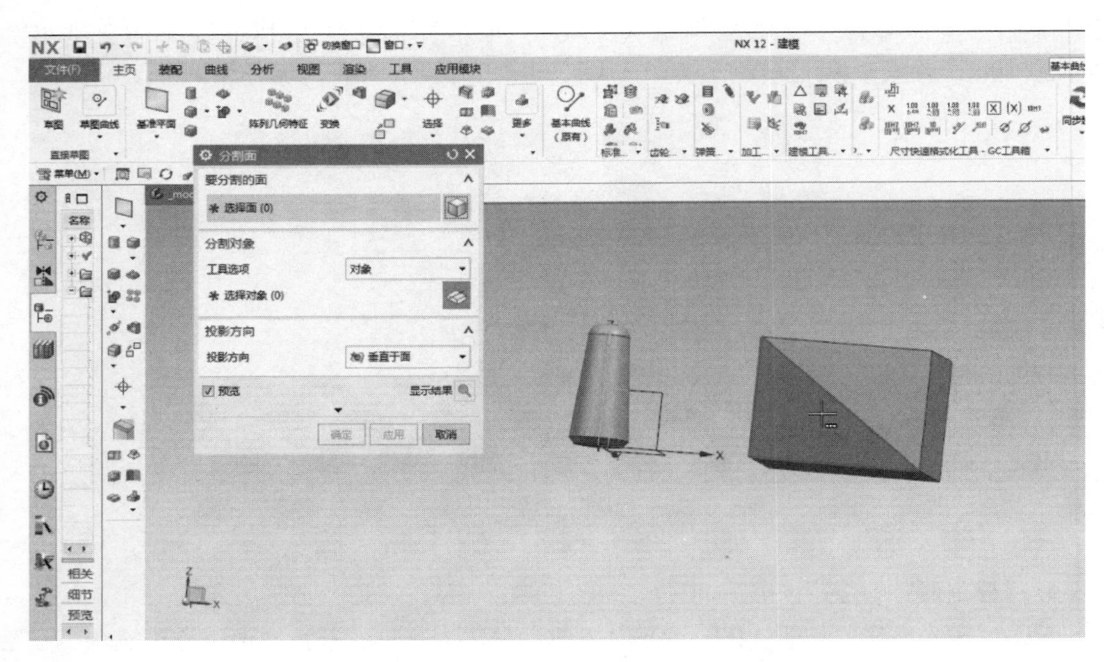

图 4-52 分割面结果

出的对话框中选择面，单击“确定”按钮，完成面的连结，结果如图 4-53 所示。移除参数并保存。

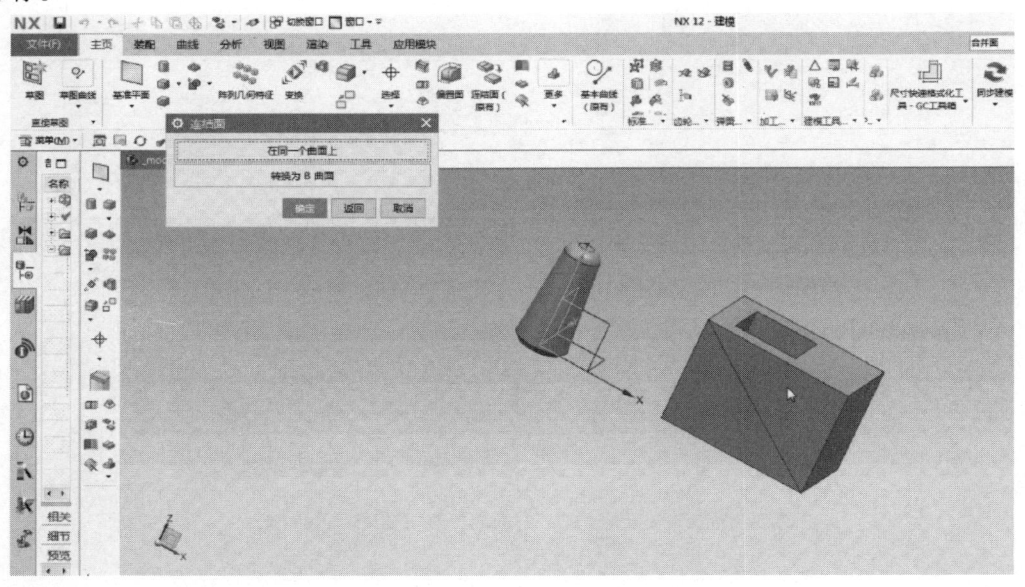

图 4-53 “连结面”对话框

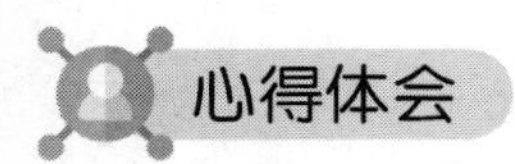

心得体会

本任务详细讲述了 UG NX 12.0 软件中“特征”工具条中的部分命令，通过对圆柱体进行拔模、边倒圆、倒斜角等操作，对长方体进行抽壳、偏置面、分割体和分割面等基本操作，达到了对这些命令操作方法的熟练掌握，实现了本任务目标。

任务五　“特征”工具条中的命令——布尔操作

任务目标

1. 能够熟练掌握布尔操作中“合并”“减去”“相交”命令的操作方法。
2. 能够准确运用布尔操作的命令。

任务描述

布尔操作是对原先存在的多个独立的实体进行运算，以产生新的实体。进行布尔运算时，首先选择目标体，然后选择刀具体，运算完成后，刀具体成为目标体的一部分。如果目标体和刀具体具有不同的图层、颜色、线型等特征，产生的新实体具有与目标体相同的特征。如果部件文件中已存有实体，当建立新特征时，新特征可以作为刀具体，已存在的实体作为目标体。布尔操作主要包括合并、减去、相交三部分内容。

任务实施

1. “合并”命令

打开项目四任务四保存的实体模型，单击“特征”工具条中的“合并”按钮，弹出“合并”对话框，如图 4-54 所示，在“目标”选项区域中选择“选择体（1）”选项，在绘图区选中第一个目标体，在“工具”选项区域中选择“选择体（1）”选项，在绘图区选择第二个工具体，单击“应用”按钮，完成目标体与工具体的合并，结果如图 4-55 所示。移除参数并保存。

2. “减去”命令

单击“减去”按钮，弹出“减去”对话框，如图 4-56 所示，在绘图区选择“目标体”与“工具体”，单击“应用”按钮完成“减去”的操作，结果如图 4-57 所示。移除参数并保存。

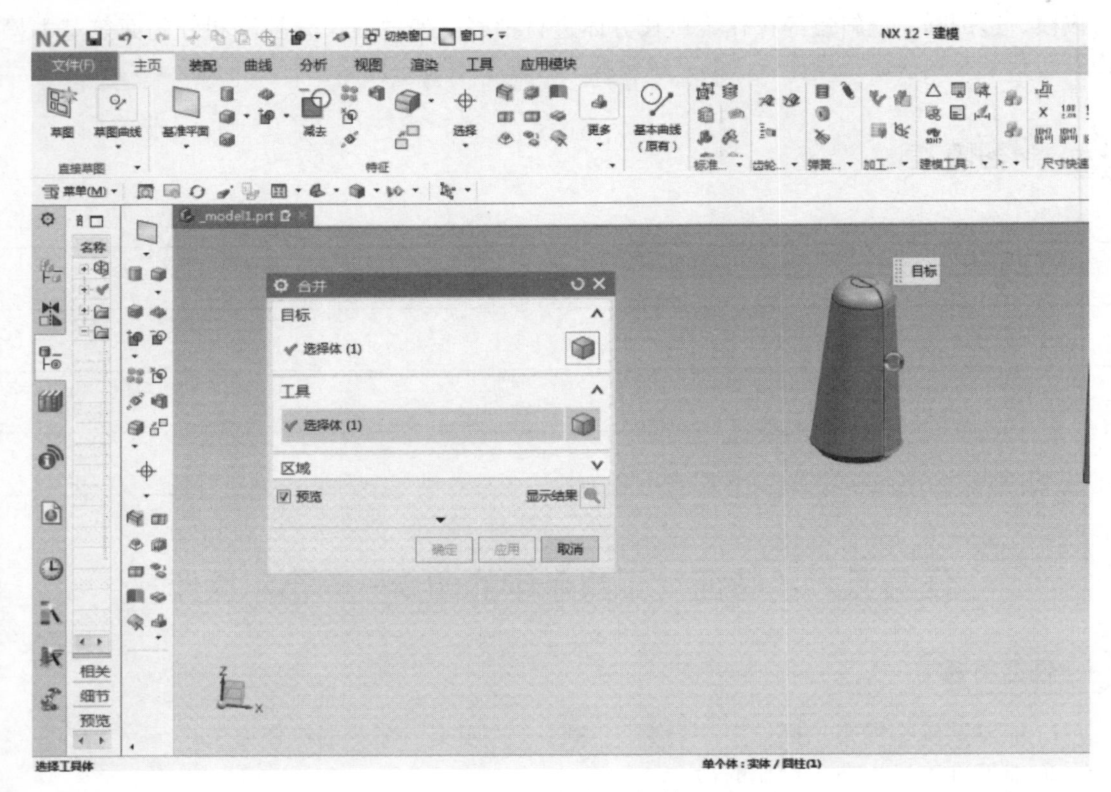

图 4-54 “合并”对话框

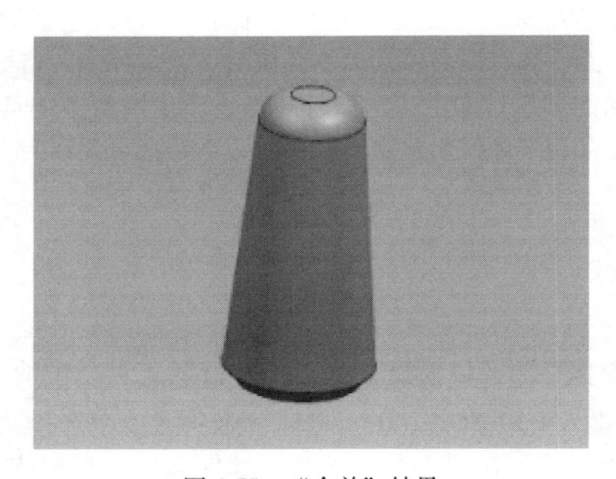

图 4-55 “合并”结果

3. “相交”命令

单击“相交”按钮，弹出“相交”对话框，如图 4-58 所示，在绘图区选择“目标体”与“工具体”，单击“应用”按钮完成目标体与工具体的相交，结果如图 4-59 所示。移除参数并保存。

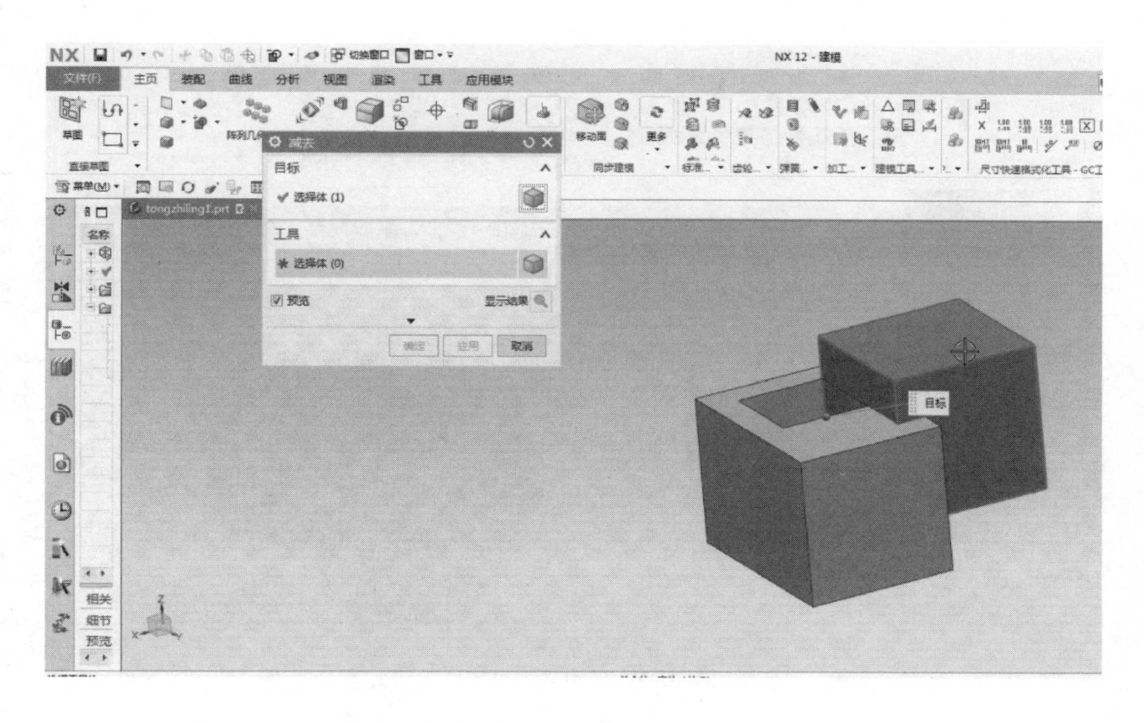

图 4-56　“减去”对话框

图 4-57　“减去”结果

心得体会

本任务详细讲述了布尔操作工具的使用方法，要求熟练掌握“合并”“减去”“相交”命令的操作方法，以达到本任务目标的要求。

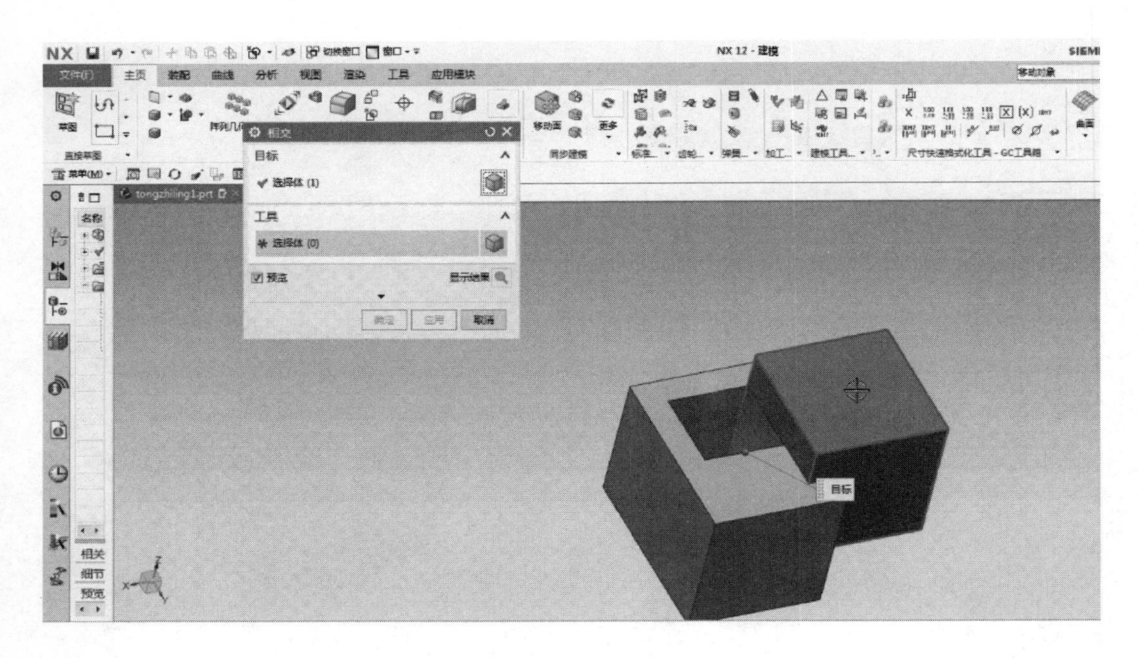

图 4-58 “相交”对话框

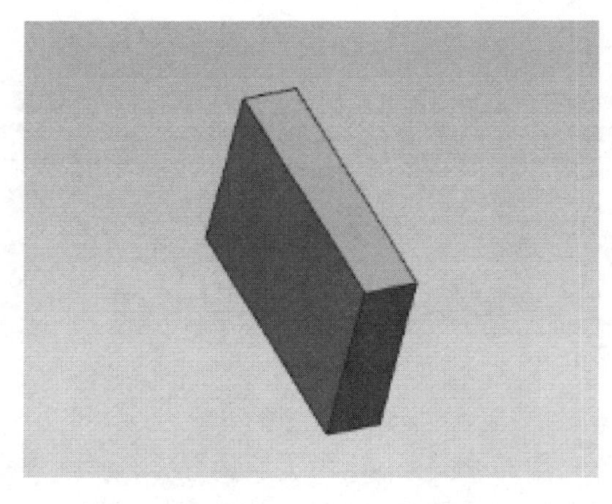

图 4-59 “相交”结果

学习随笔

任务六 “特征”工具条中的命令——成形特征

任务目标

1. 熟悉“拉伸”命令的操作方法。
2. 能够熟练掌握“回转”命令的操作方法。
3. 掌握“孔”命令的使用方法。
4. 掌握建立长方体模型的方法。
5. 掌握建立圆柱体的操作方法。

任务描述

成形特征是建立在已有的三维特征之上的特征，主要用在三维特征上增加或切除特殊形状的三维特征体。主要包括“拉伸”“回转”“孔”“长方体”“圆柱”命令，如图 4-60 所示。

图 4-60 “成形特征”工具条中各命令

任务实施

1. “拉伸”命令

在绘图区创建一个长方体，单击“拉伸”按钮，弹出“拉伸”对话框，如图 4-61 所示。

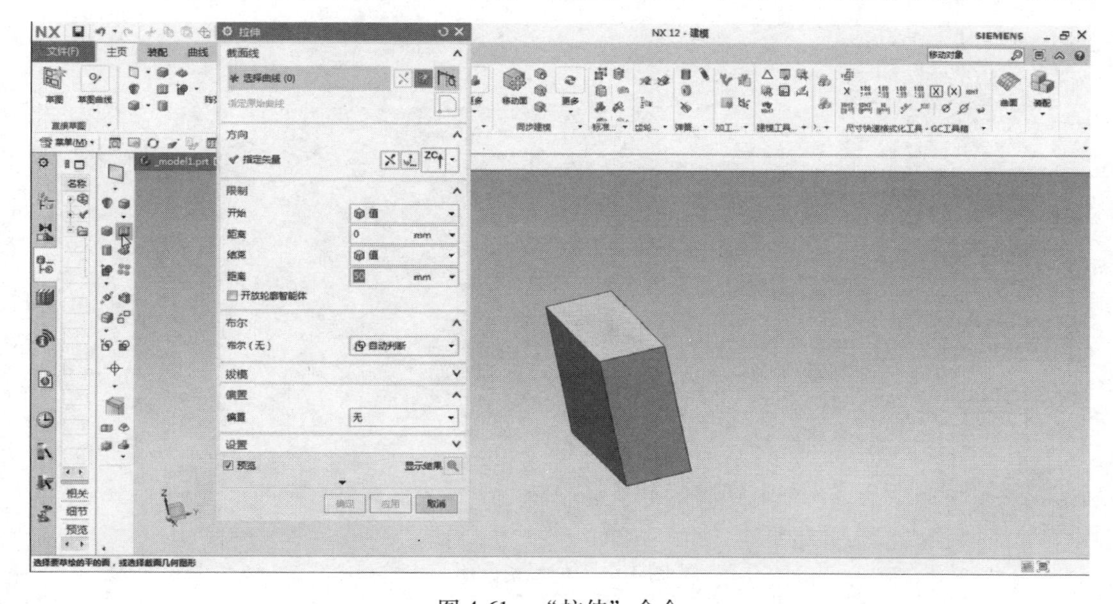

图 4-61 “拉伸”命令

在绘图区单击长方体的一个棱边，对该边进行拉伸，如图 4-62 所示。

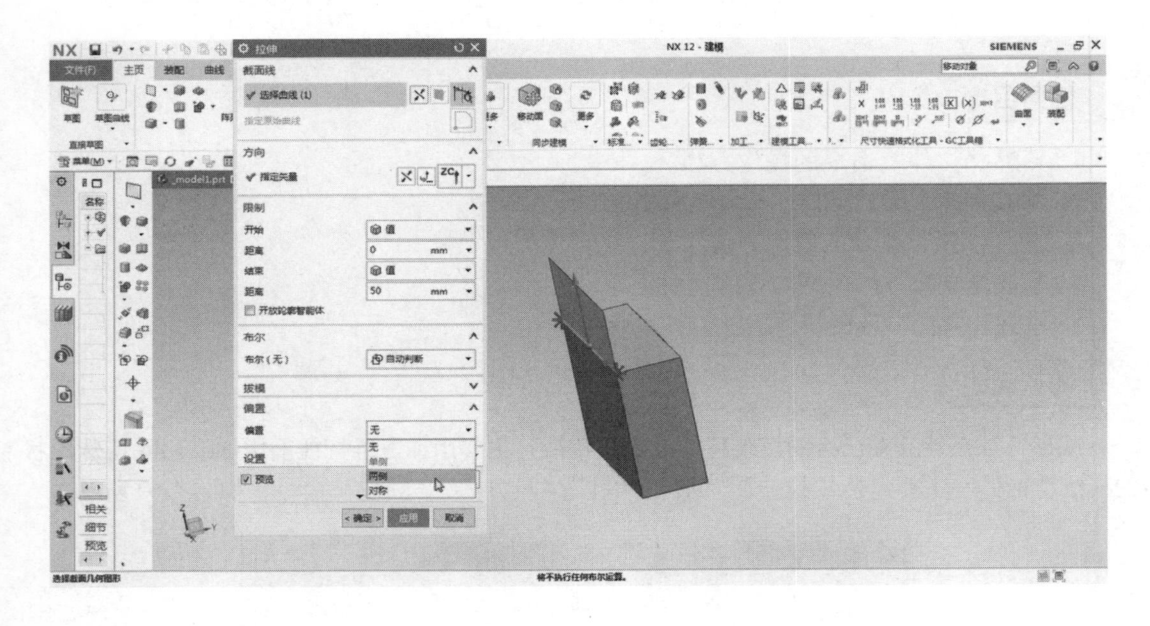

图 4-62 拉伸棱边

在“拉伸”对话框的“偏置”列表框中选择“两侧”选项，设置开始“距离”为 0，结束“距离”为 70mm，如图 4-63 所示，单击“应用”按钮，单击“取消”按钮，完成长方体的创建，结果如图 4-64 所示。

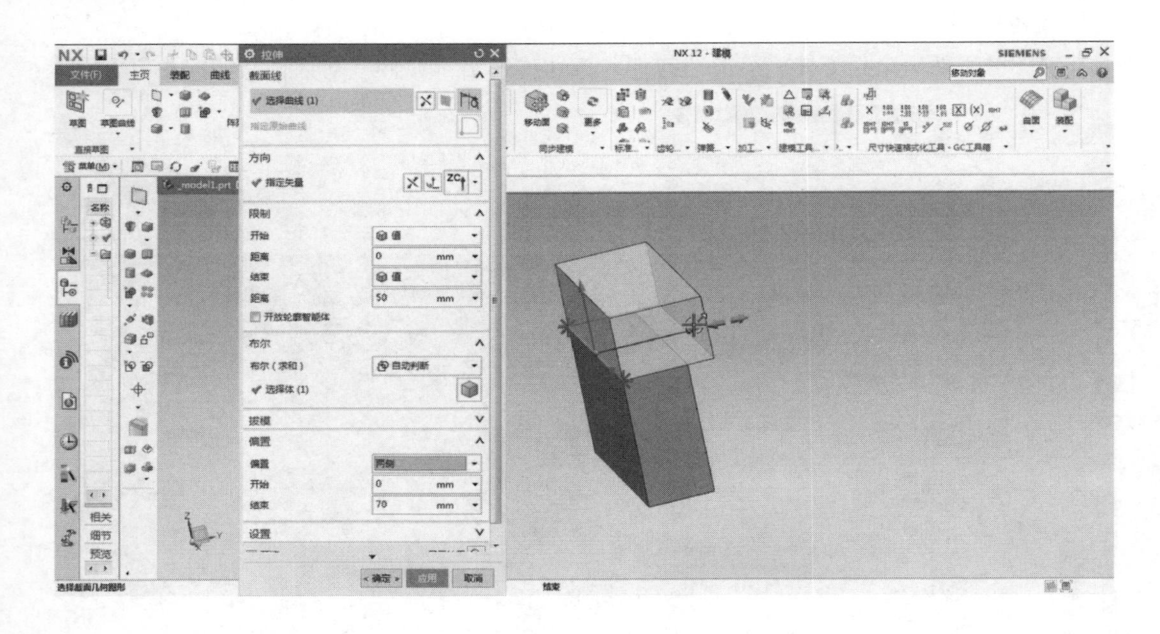

图 4-63 创建长方体

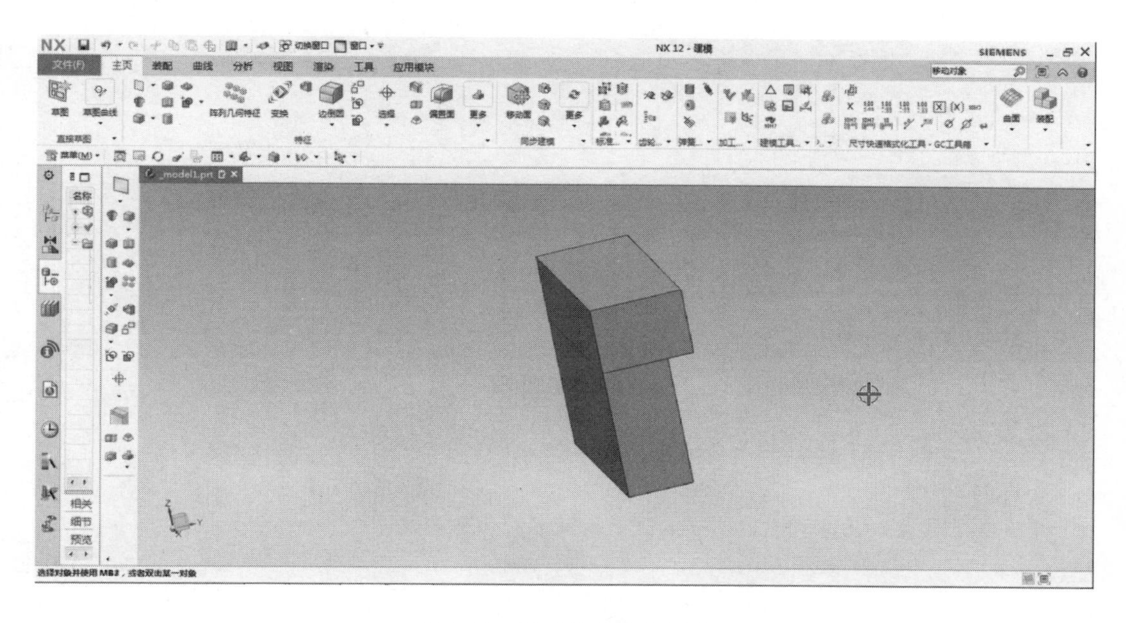

图 4-64　完成长方体的创建

2. “回转”命令

单击“回转”按钮，弹出“旋转”对话框，如图 4-65 所示。

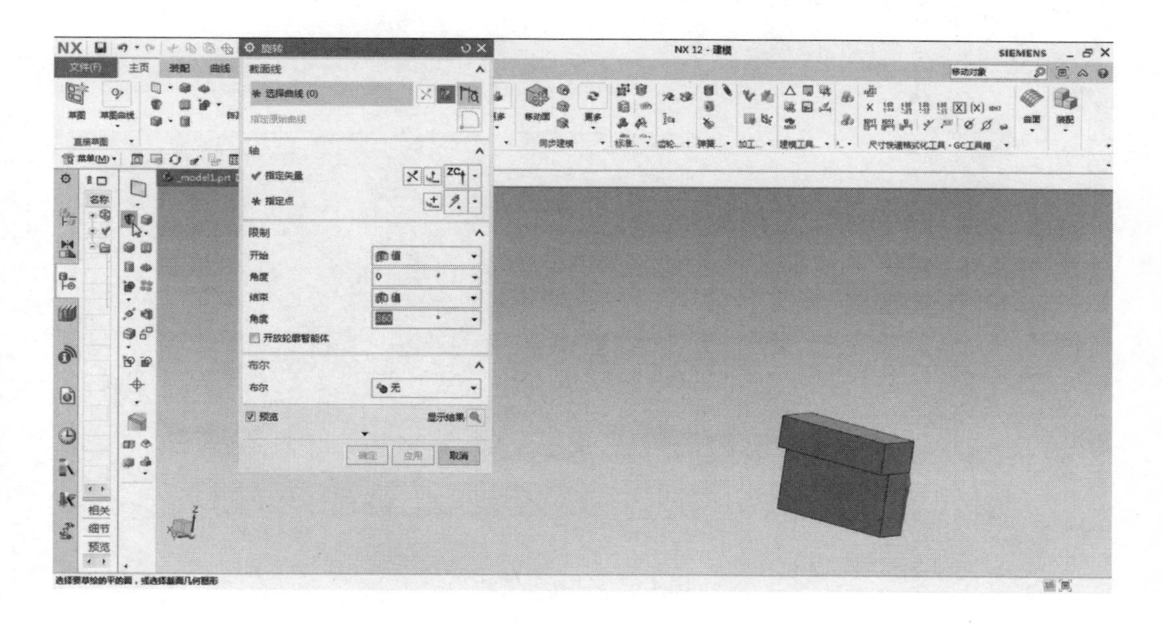

图 4-65　“旋转”对话框

在绘图区选择长方体的一个侧面作为旋转截面，如图 4-66 所示。

选择 ZC 轴作为旋转轴，如图 4-67 所示。

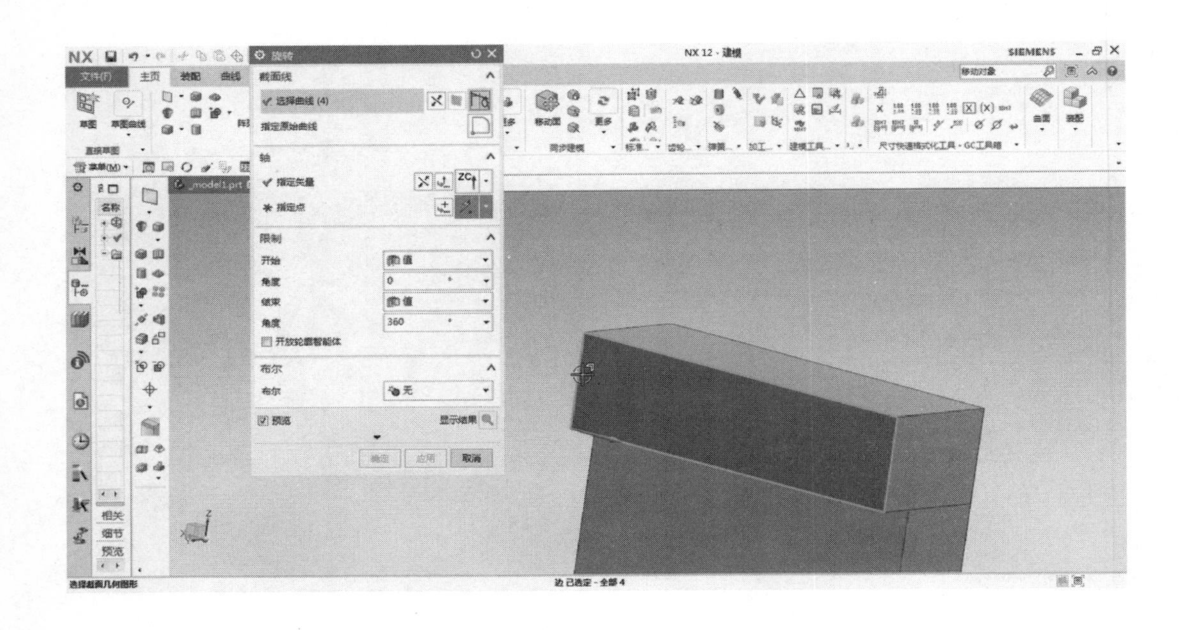

图 4-66 选择旋转截面

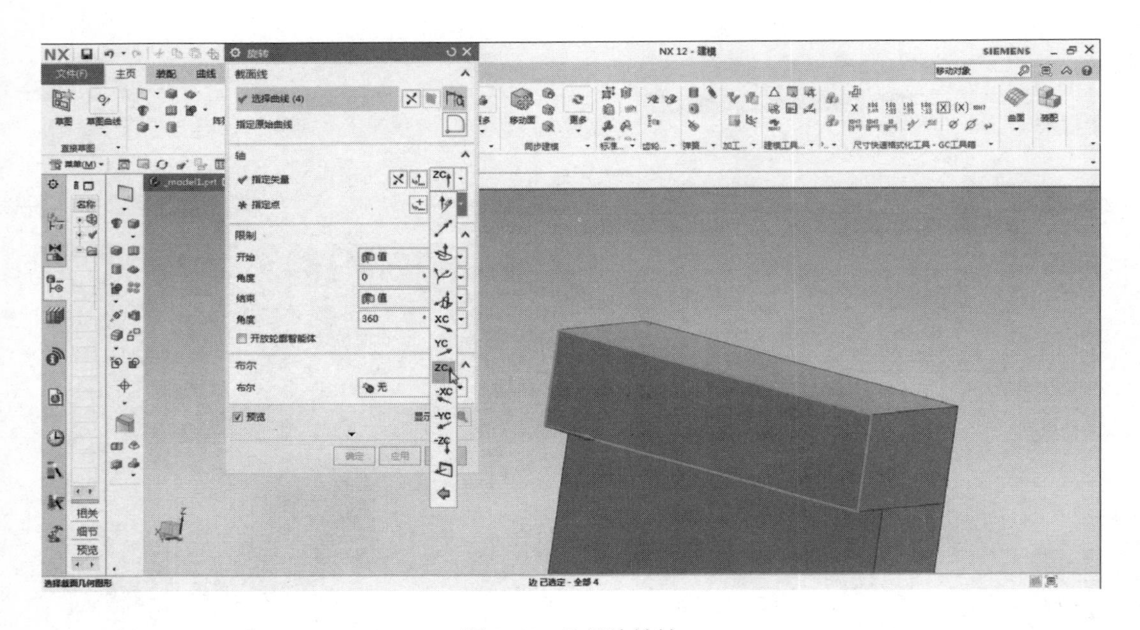

图 4-67 选择旋转轴

设置“指定点”为长方体一个角点，单击“确定”按钮回转得到圆柱体，如图 4-68 所示。

3. “孔” 命令

单击“孔”按钮，弹出“孔”对话框，如图 4-69 所示。

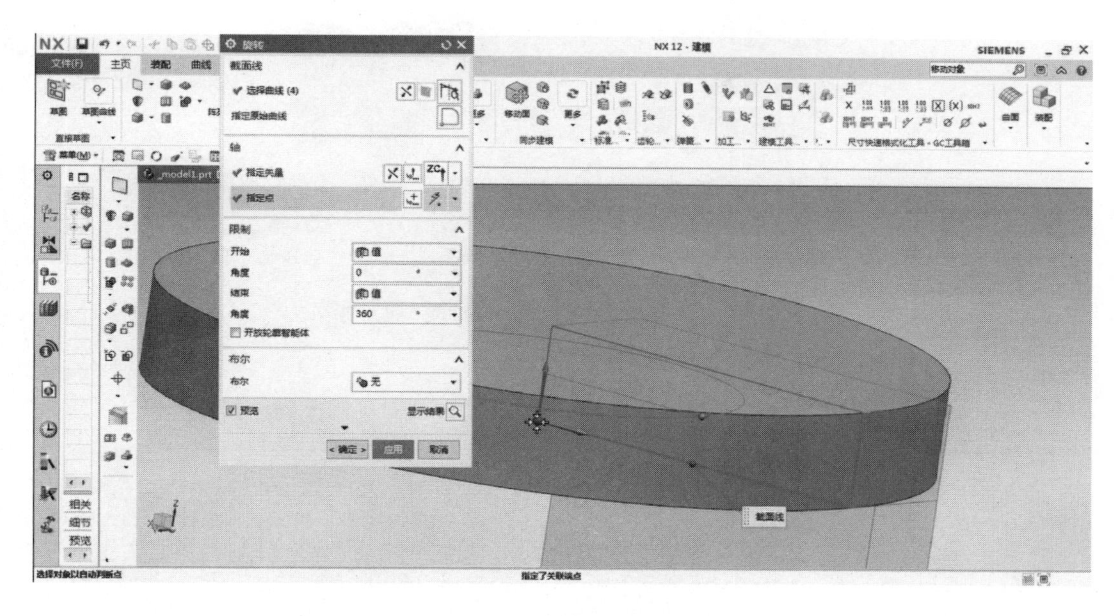

图 4-68　“旋转”结果

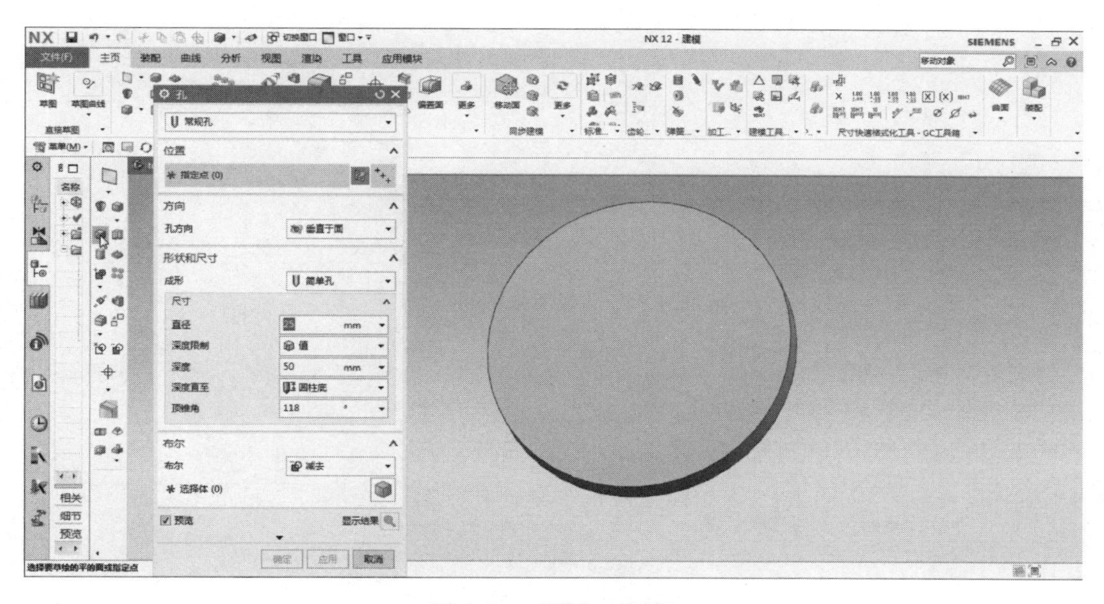

图 4-69　“孔”对话框

在图 4-70 所示列表框中，有“常规孔”“钻形孔”“螺钉间隙孔”“螺纹孔”“孔系列”等选项，在本任务中着重介绍“常规孔”的操作方法。

在列表框中选择“常规孔”选项，设置孔的参数，选择圆台上面作为孔放置面，单击“确定”按钮，如图 4-71 所示。

在图 4-72 所示的“线性尺寸”对话框中设置孔的线性尺寸，单击“应用”按钮，实现对孔创建。

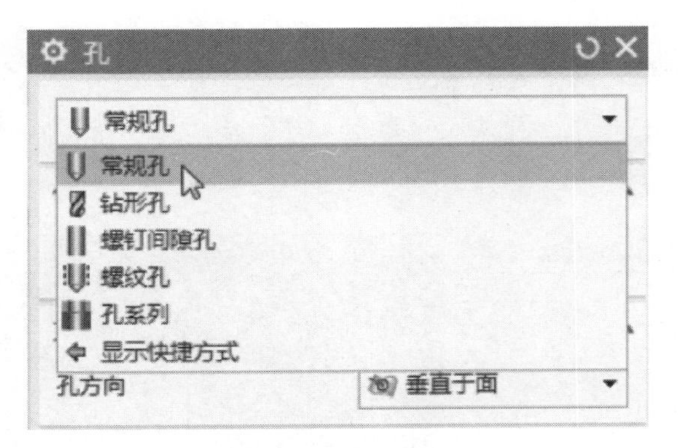

图 4-70　列表框中孔的分类

图 4-71　设置常规孔的参数

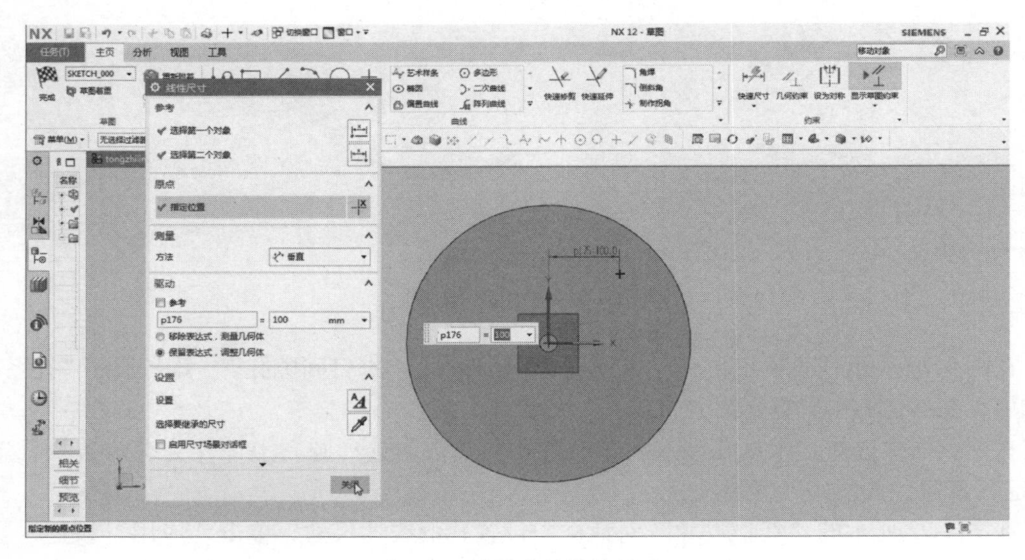

图 4-72　设置孔的线性尺寸

需要注意的是，确定孔的位置参数也可以通过绘制平面、创建草图的方法实现孔的定位。

4. “长方体”命令

单击“长方体”按钮 弹出“长方体”对话框，在绘图区选择圆柱体上表面的圆心作为创建长方体的原点，设置尺寸如图 4-73 所示，单击“确定”按钮即可创建长方体，结果如图 4-74 所示。

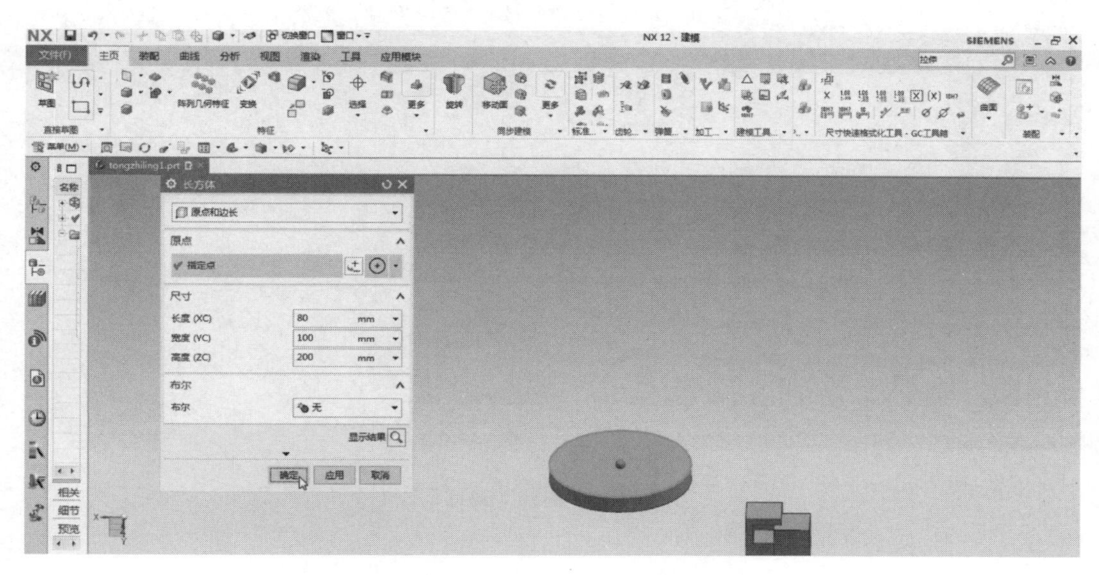

图 4-73 “长方体”对话框

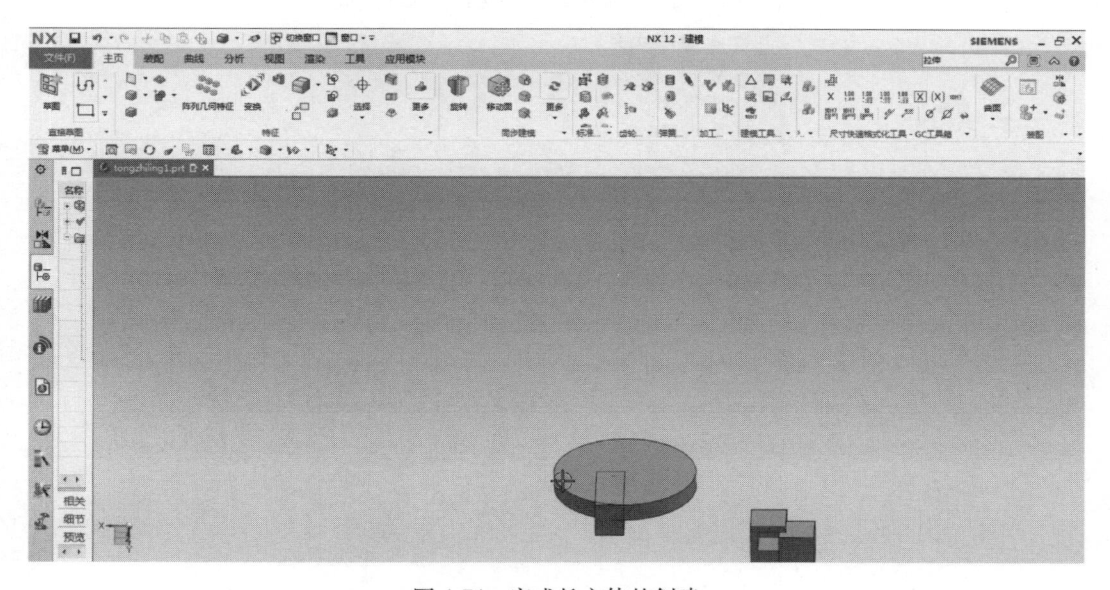

图 4-74 完成长方体的创建

5. “圆柱体”命令

单击“圆柱”按钮，弹出“圆柱”对话框，如图 4-75 所示，选择“轴、直径和高度”选项，如图 4-76 所示。

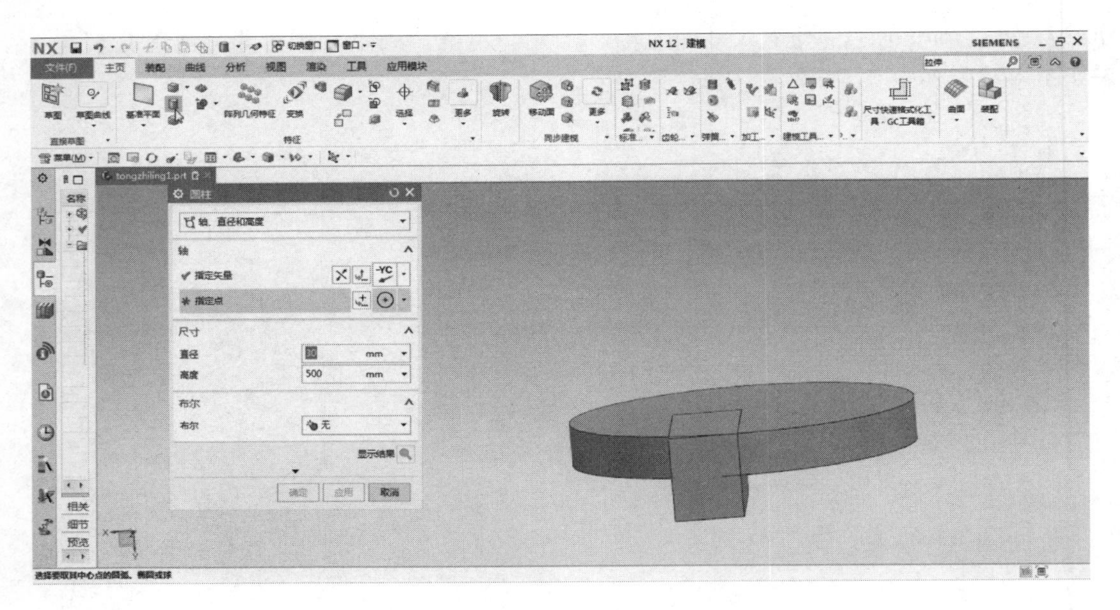

图 4-75　“圆柱”对话框

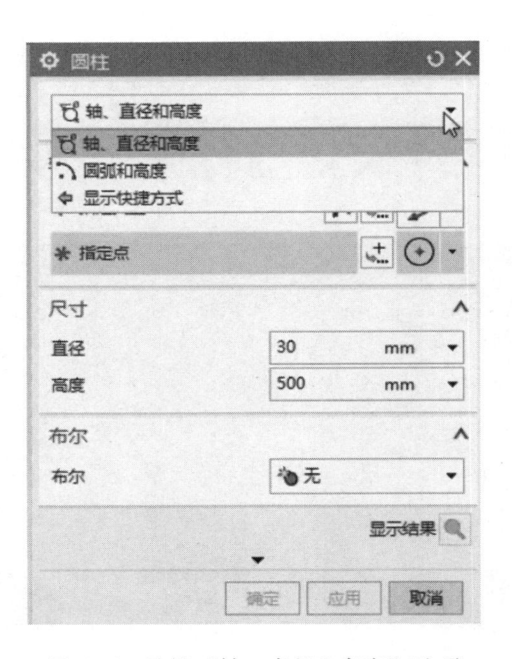

图 4-76　选择“轴、直径和高度”选项

设置“指定矢量”为-YC 方向，“指定点”为圆柱体上表面圆弧中心，如图 4-77 和图 4-78 所示。

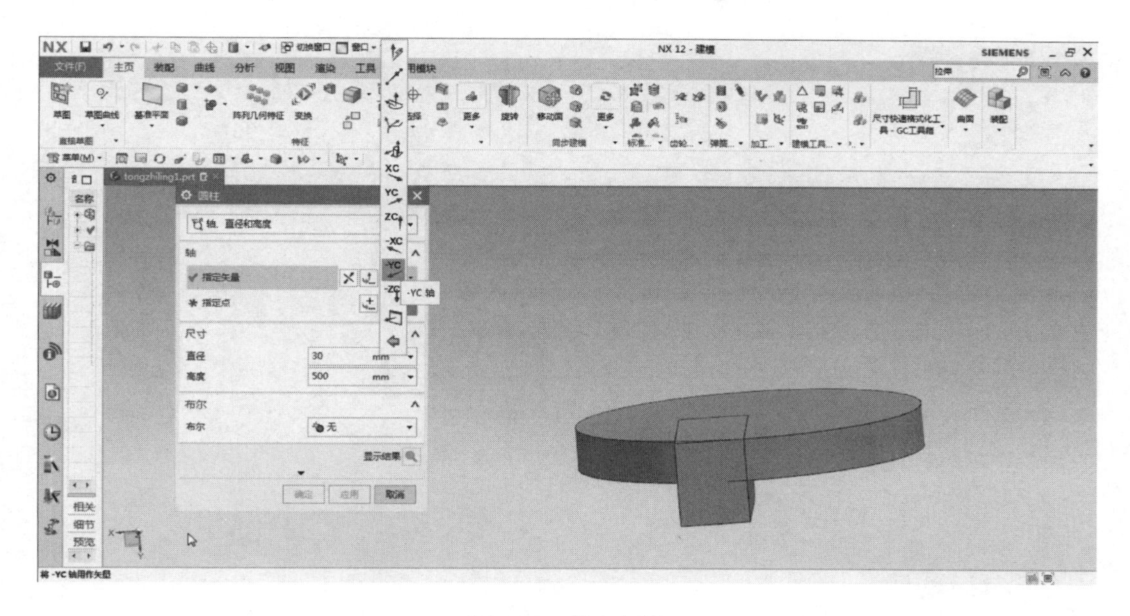

图 4-77　指定矢量

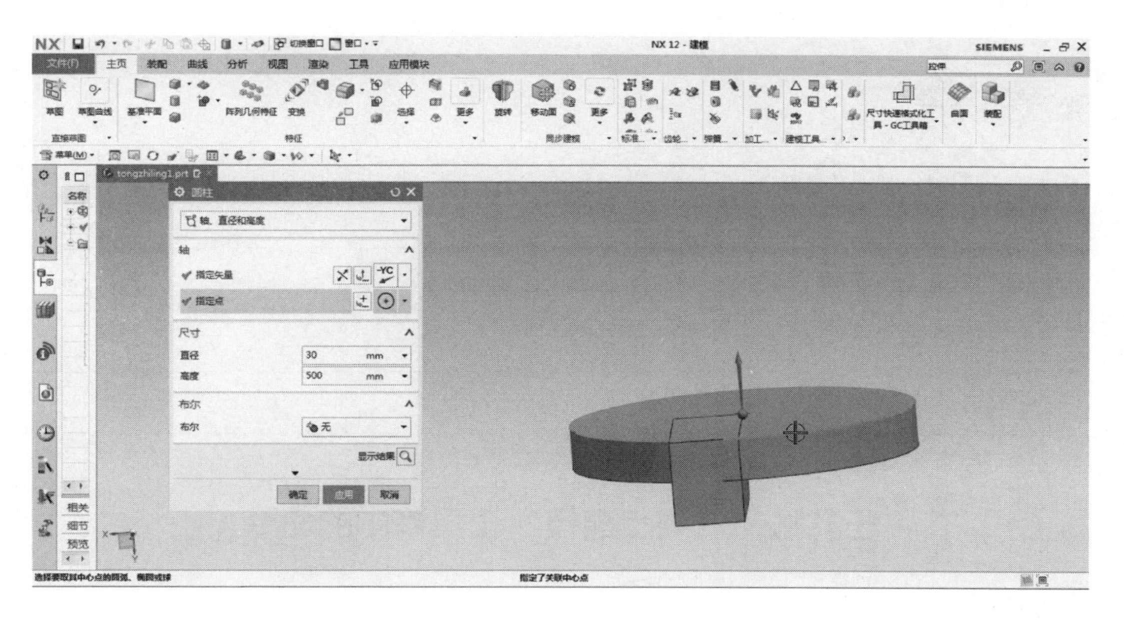

图 4-78　指定点

设置尺寸参数，如图 4-79 所示，单击“确定”按钮。在弹出的对话框中单击“取消”按钮，即完成圆柱的创建。移除参数并保存。

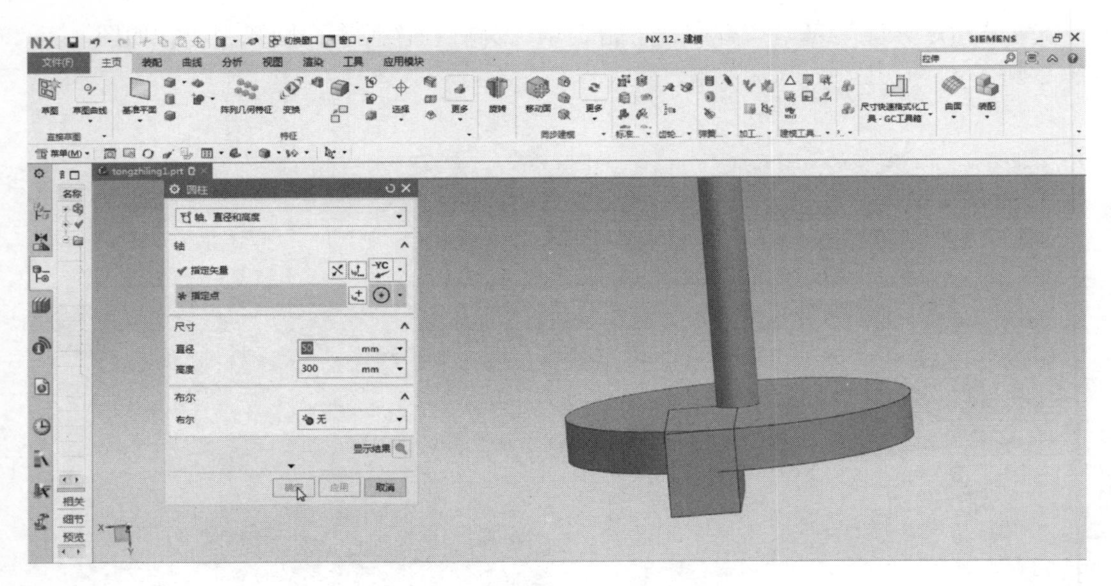

图 4-79　设置尺寸参数

心得体会

本任务详细讲述了“拉伸”“回转”“孔”“长方体”“圆柱”命令的操作方法，熟练掌握以上命令，达到本任务目标的要求。

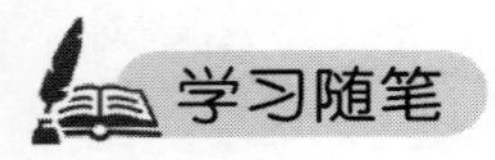

学习随笔

任务七　“同步建模”工具条中的命令

任务目标

1. 能够熟练掌握“调整面大小”“替换面”“移动面”命令的操作方法。
2. 能够准确运用“移除参数”命令去除实体的关联尺寸。

任务描述

图 4-80 所示为实体模型，通过对实体模型的编辑操作，改变实体模型的尺寸，从而实现对“调整面大小”“替换面”“移动面”命令的操作方法的熟练掌握。

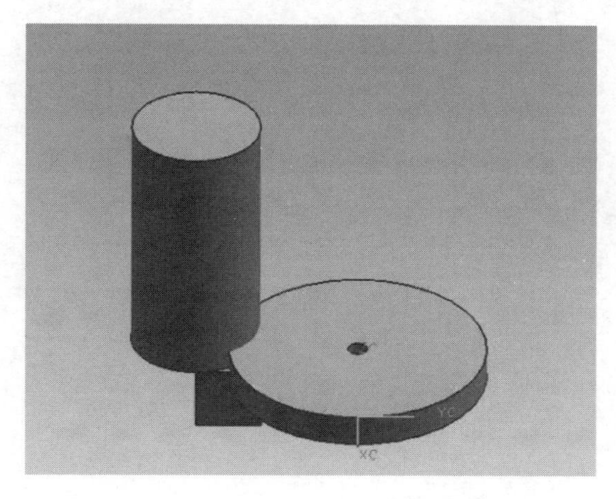

图 4-80 实体模型

任务实施

1. “调整面大小”命令

进入 UG NX 12.0 软件用户界面，打开素材文件，单击“调整面大小”按钮，弹出“调整面大小”对话框，如图 4-81 所示，在绘图区选择要调整的面，在“直径”文本框中输入 30，单击“确定”按钮，完成调整面大小的操作，结果如图 4-82 所示。移除参数并保存。

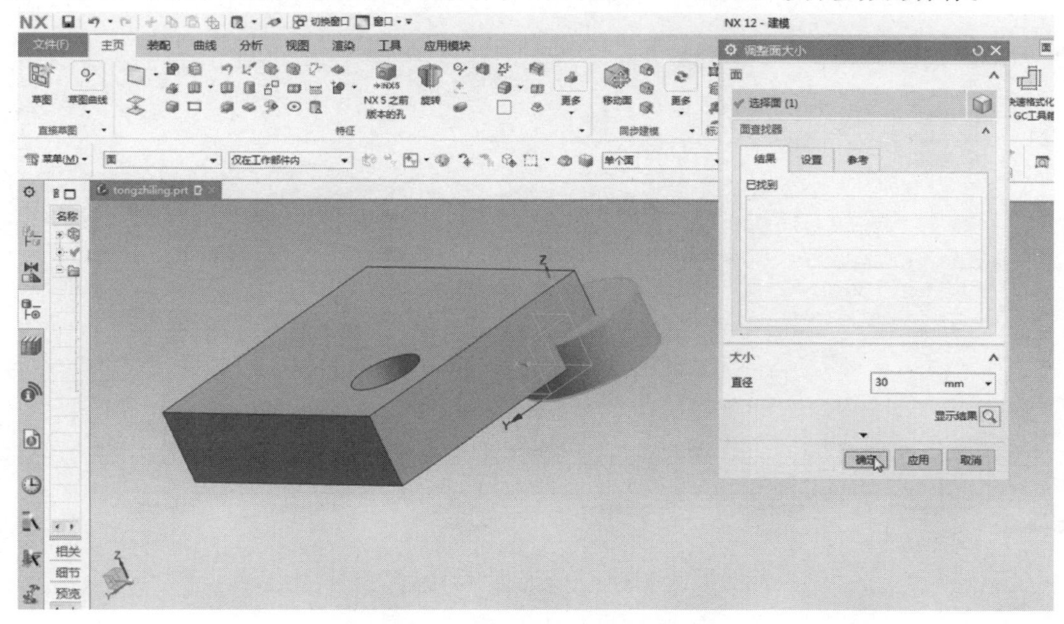

图 4-81 “调整面大小”对话框

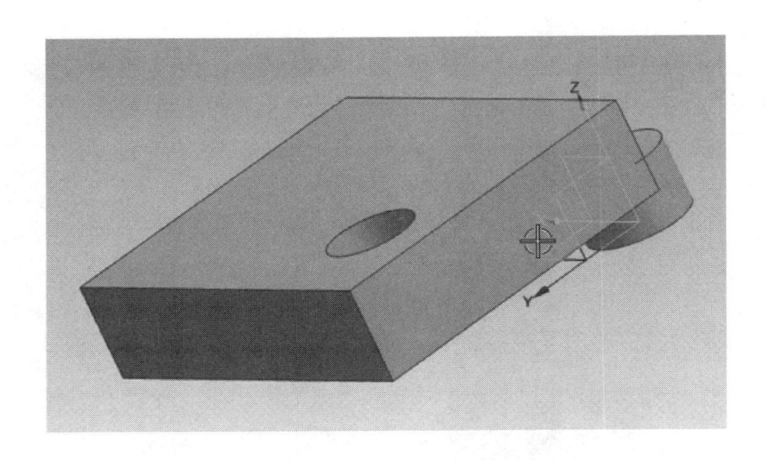

图 4-82 调整面大小

2. “替换面”命令

单击“替换面”按钮，弹出“替换面”对话框，如图 4-83 所示，设置“原始面”为长方形面，设置“替换面”为圆形面，如图 4-84 所示，单击“应用”按钮，单击“取消”按钮，完成替换面的操作，结果如图 4-85 所示。移除参数并保存。

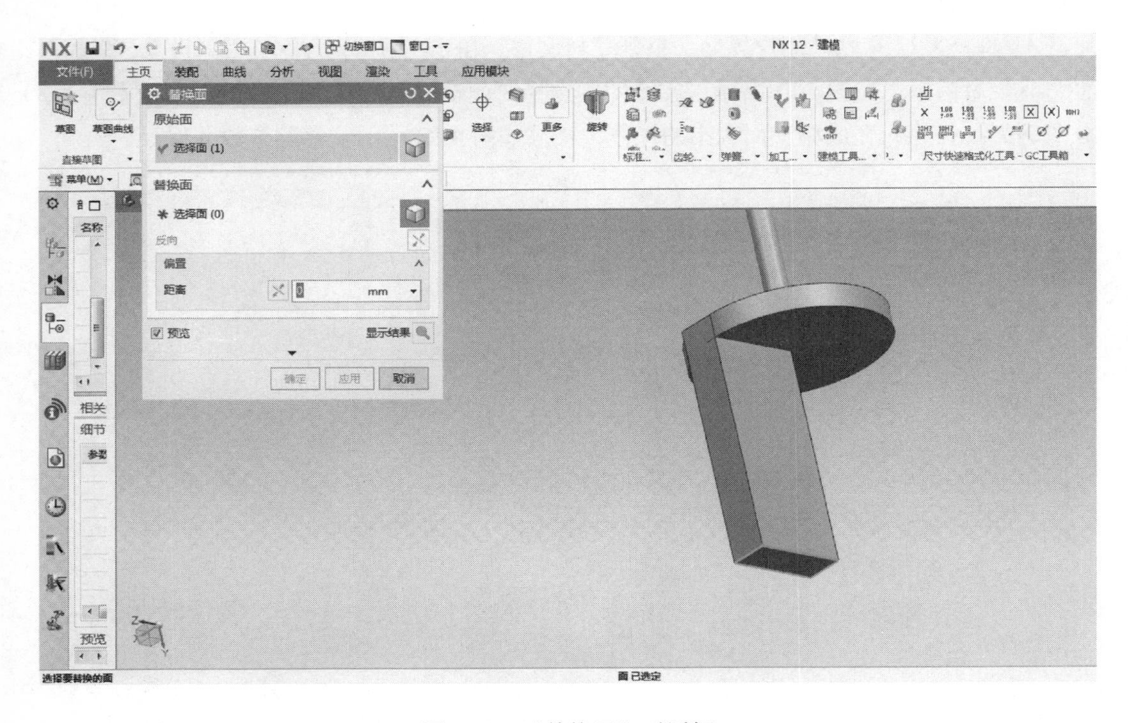

图 4-83 “替换面”对话框

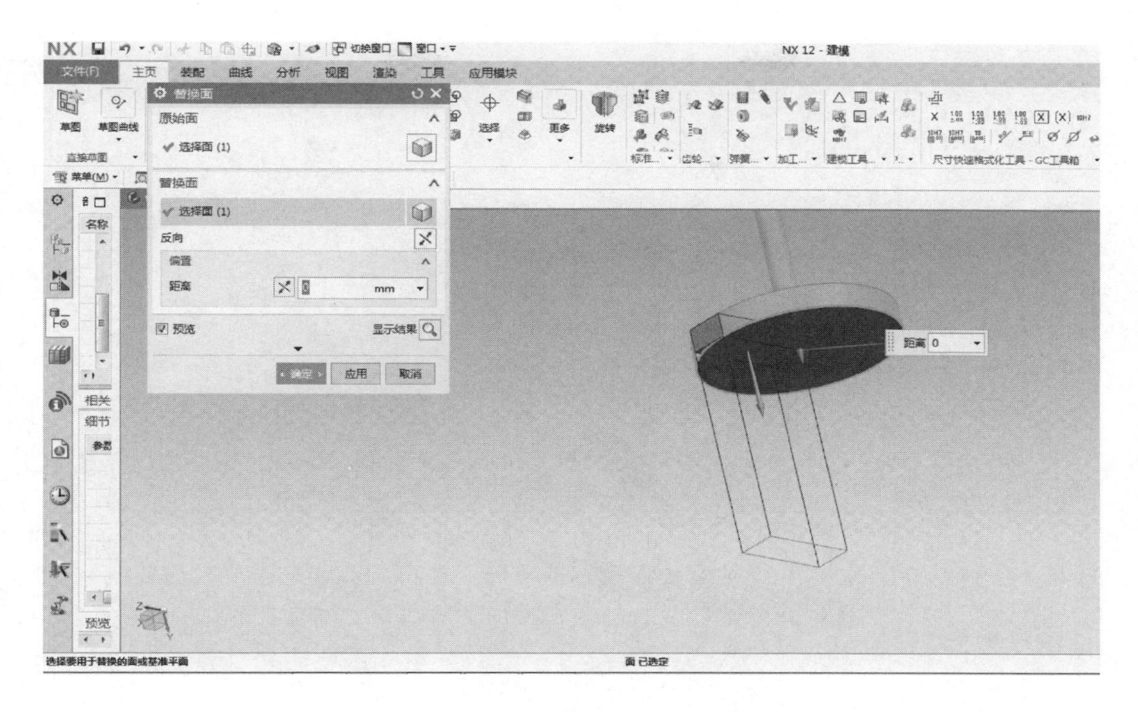

图 4-84　在绘图区选择“替换面”

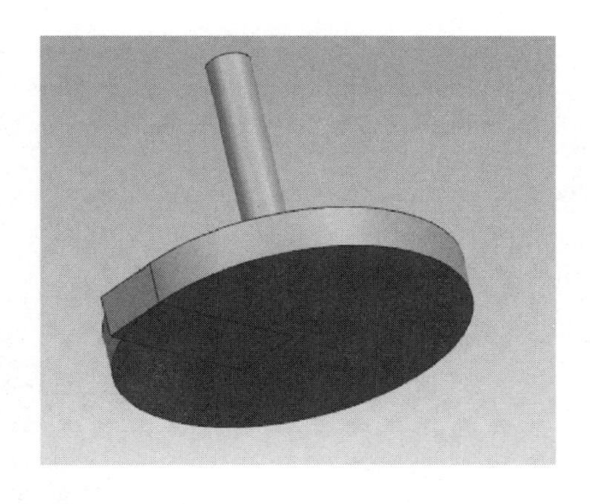

图 4-85　“替换面”结果

3. “移动面”命令

单击“移动面”按钮，弹出“移动面”对话框，如图 4-86 所示，在绘图区选择一个平面作为移动对象选择“指定距离矢量”的“矢量”选项，如图 4-87 所示，在弹出的“矢量”对话框中选择对象要移动的方向，单击“确定”按钮，在“移动面”对话框中的“距离”文本框中输入 30，单击“确定”按钮，完成孔位置的移动，结果如图 4-88 所示。移除参数并保存。

图 4-86 “移动面”对话框

图 4-87 设置“指定距离矢量”

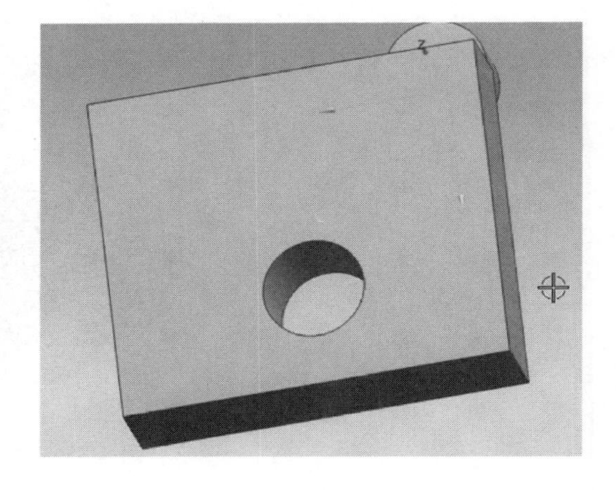

图 4-88 “移动面”结果

4. “移除参数”命令

单击“移除参数”按钮，弹出“移除参数”对话框，在绘图区选择要去除参数的对象（可通过框选对象来完成选择，如图 4-89 所示），单击“确定”按钮，在弹出的对话框中单击“是”按钮，完成移除参数的操作，结果如图 4-90 所示。

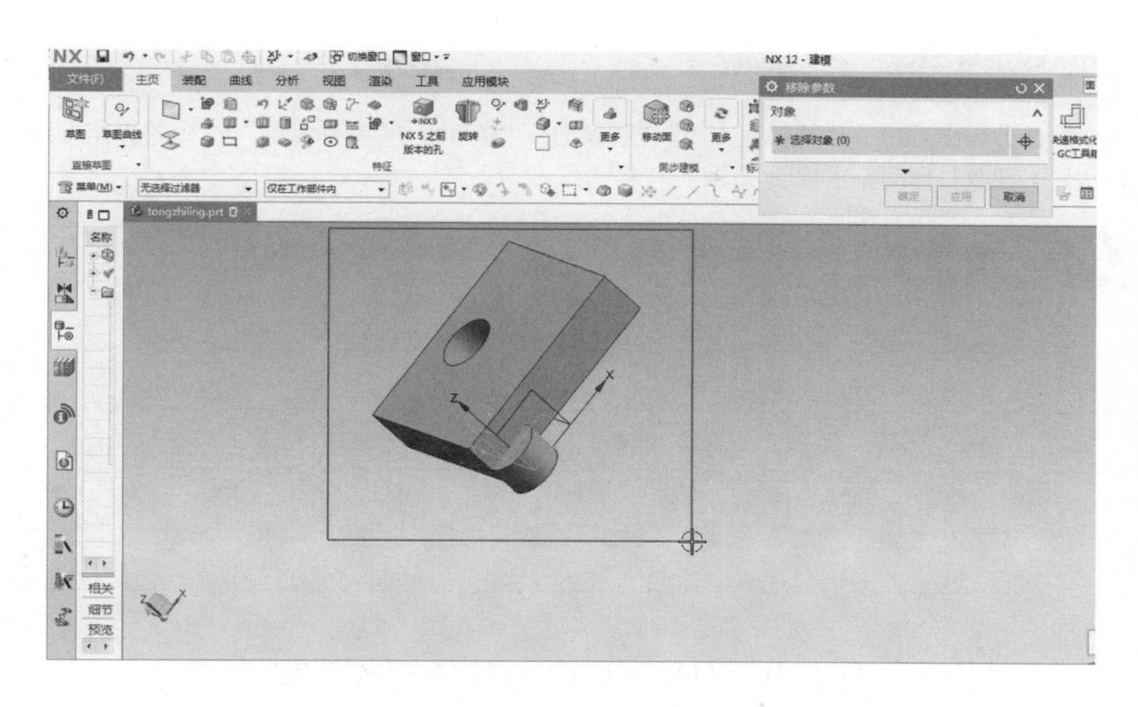

图 4-89　选择要移除参数的对象

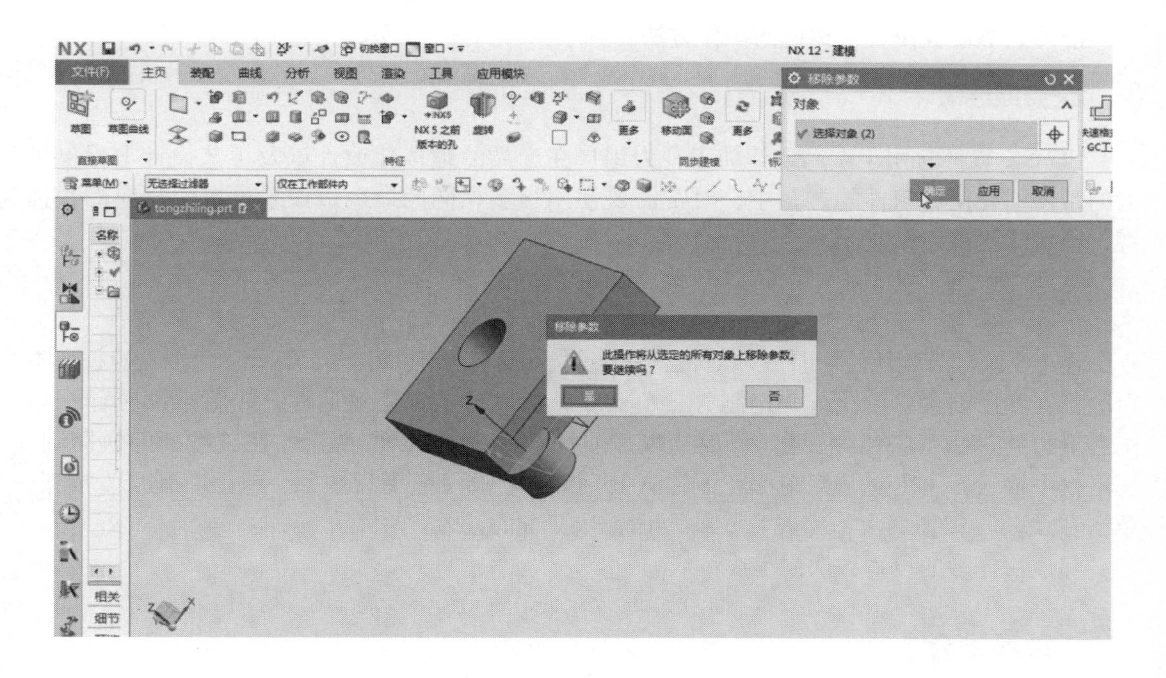

图 4-90　“移除参数”结果

心得体会

本任务详细讲述了“调整面大小”“替换面”“移动面”“移除参数”命令的操作方法，以达到本任务目标的要求。

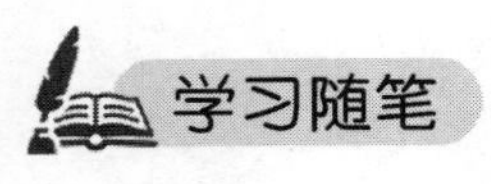

学习随笔

任务八　UG NX 12.0 快捷键的设置

任务目标

能够熟练掌握设置快捷键的操作方法。

任务描述

UG NX 软件常用于产品设计加工，为用户在产品的虚拟化设计以及工艺设计上提供极大的帮助。在使用软件的过程中，时常需要使用很多相同的命令，如果设置了相应的快捷键，则可以提高建模效率。

任务实施

在 UG NX 12.0 软件中打开项目四任务七创建的模型，如图 4-91 所示，右击上边框条空白处，在弹出的菜单中执行“定制”菜单命令，弹出“定制”对话框，如图 4-92 所示，单击右下角“键盘”按钮，弹出“定制键盘”对话框，如图 4-93 所示，在“按新的快捷键”文本框中输入 S（在全屏英文状态下输入），指定为“仅应用模块”，单击“指派”按钮，单击“关闭”按钮两次，完成“拉伸”命令快捷键的设置。

其他快捷键的设置方法同上。

心得体会

本任务讲述了 UG NX 12.0 软件快捷键的设置方法。要求熟练掌握快捷键设置的方法，以达到本任务目标的要求。

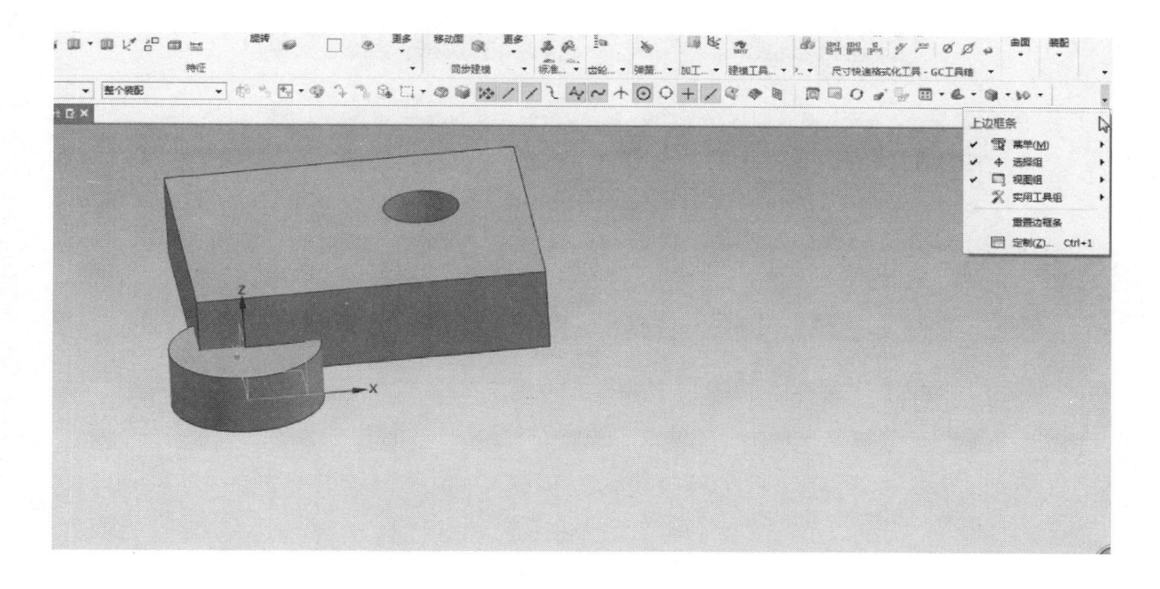

图 4-91　执行“定制”菜单命令

定制

命令　选项卡/条　快捷方式　图标/工具提示

在图形窗口或导航器中选择对象以定制其快捷工具条或圆盘工具条。

类型
查看
所有对象
所有特征
应用圆盘工具条 1 (Ctrl+Shift+MB1)
应用圆盘工具条 2 (Ctrl+Shift+MB2)
应用圆盘工具条 3 (Ctrl+Shift+MB3)

重置工具条
重置圆盘菜单
重置菜单
所有定制

☑ 显示视图快捷工具条
☑ 显示所有对象快捷工具条
☑ 在所有快捷菜单中显示视图选项
☑ 在视图快捷菜单上方显示小选择条

键盘...　关闭

图 4-92　“定制”对话框

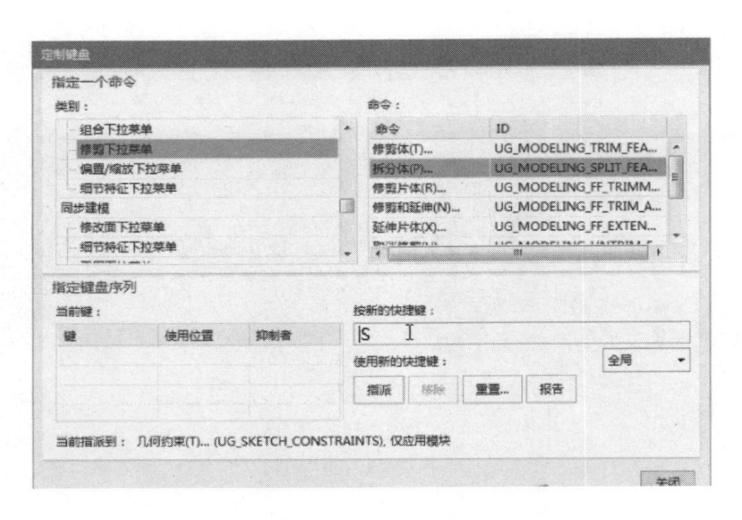

图 4-93 “定制键盘”对话框

任务九 UG NX 12. 0 快捷键的运用

任务目标

掌握常用命令的快捷键。

任务描述

在大家能够熟练运用指令的基础上，还需要进一步提高操作效率，此时对于快捷键的运用必不可少。本环节将会对快捷键的运用做进一步介绍。

任务实施

1. “拉伸”命令，快捷键<S>

进入 UG NX 12. 0 软件用户界面，单击“直线”按钮，弹出“直线”对话框，如图 4-94

所示，任意创建一条直线，如图 4-95 所示，按<S>键，弹出“拉伸”对话框，在绘图区选中需要拉伸的对象（即刚创建的直线），把直线拉成一个平面，结果如图 4-96 所示。

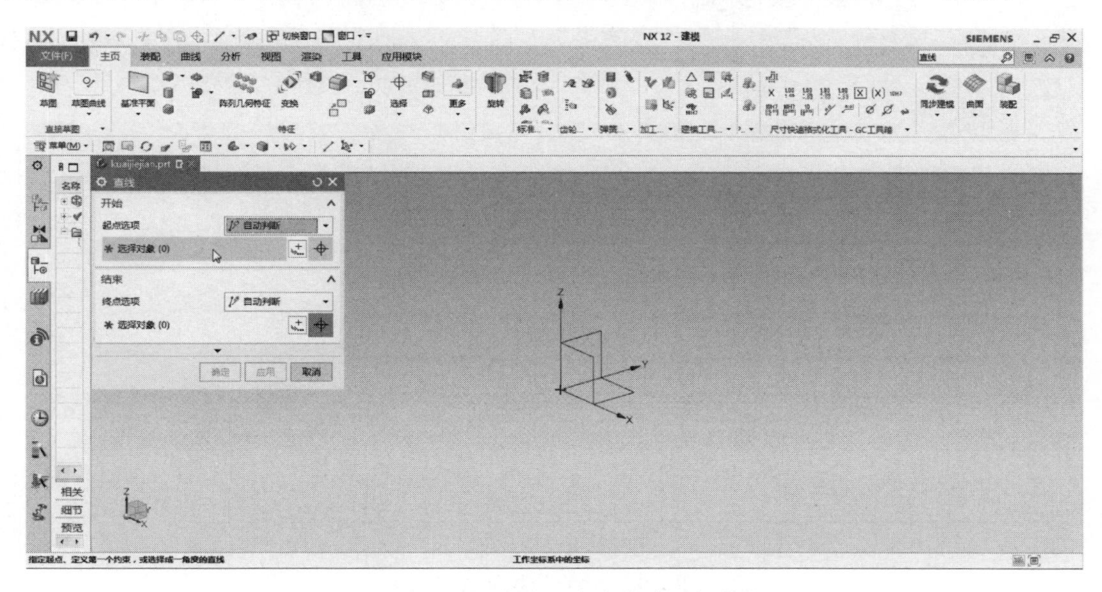

图 4-94　用“直线”命令创建一条直线

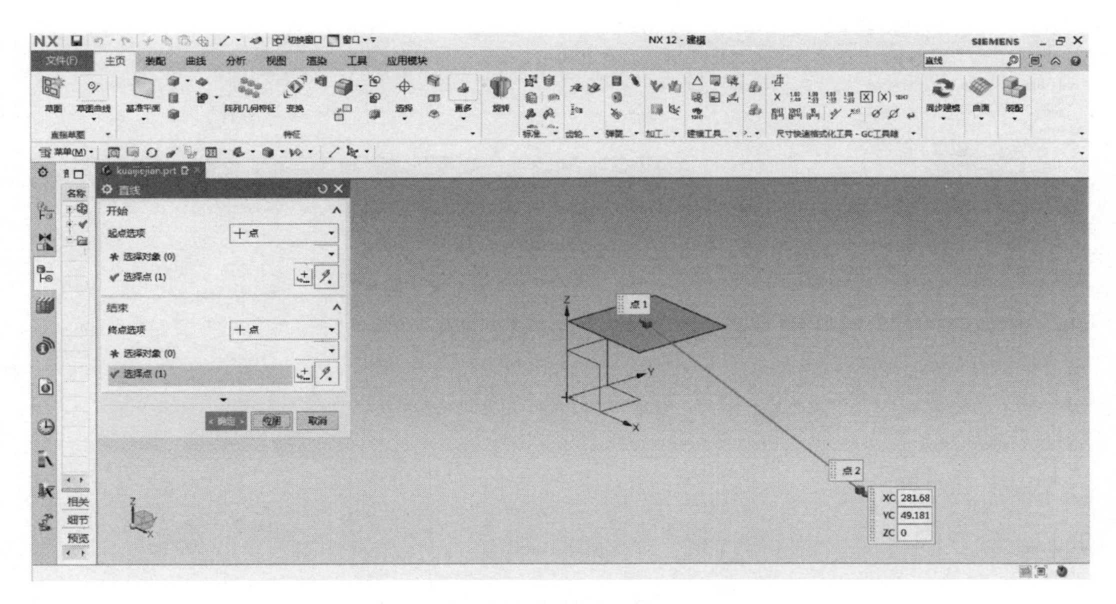

图 4-95　直线创建完成

如果以达到预期的设计目标，可按鼠标中键或单击“取消”按钮完成操作。如果需要把面继续做成一个体，那么可以在“拉伸”对话框中在“偏置”文本框中选择“两侧”选项，并设置参数，如图 4-97 所示。

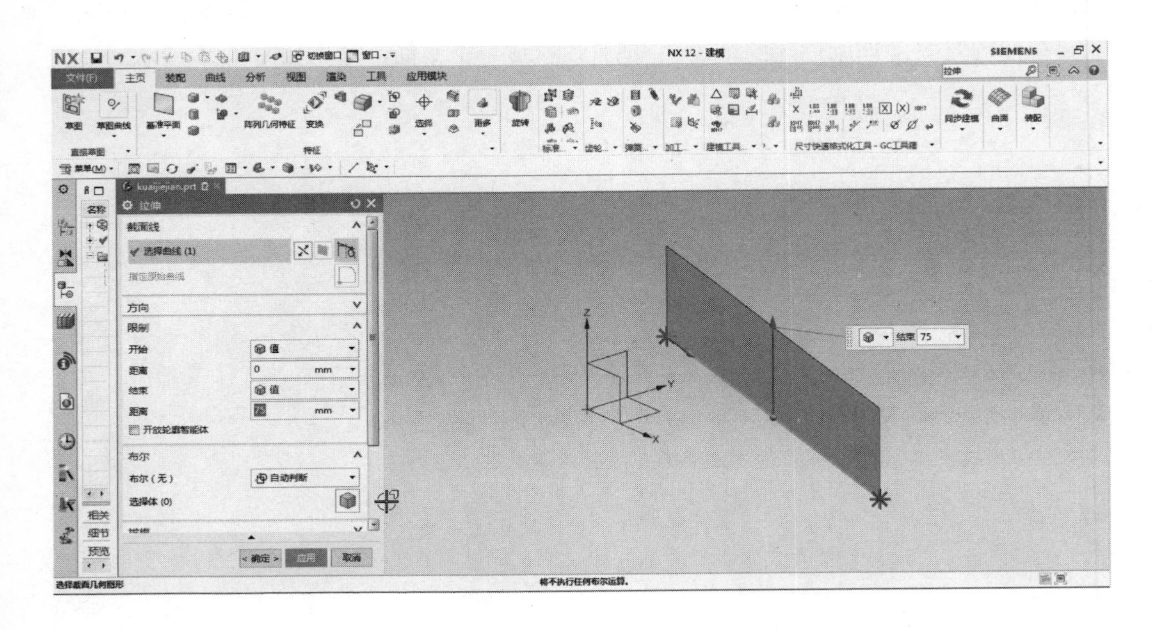

图 4-96　将直线拉伸成平面

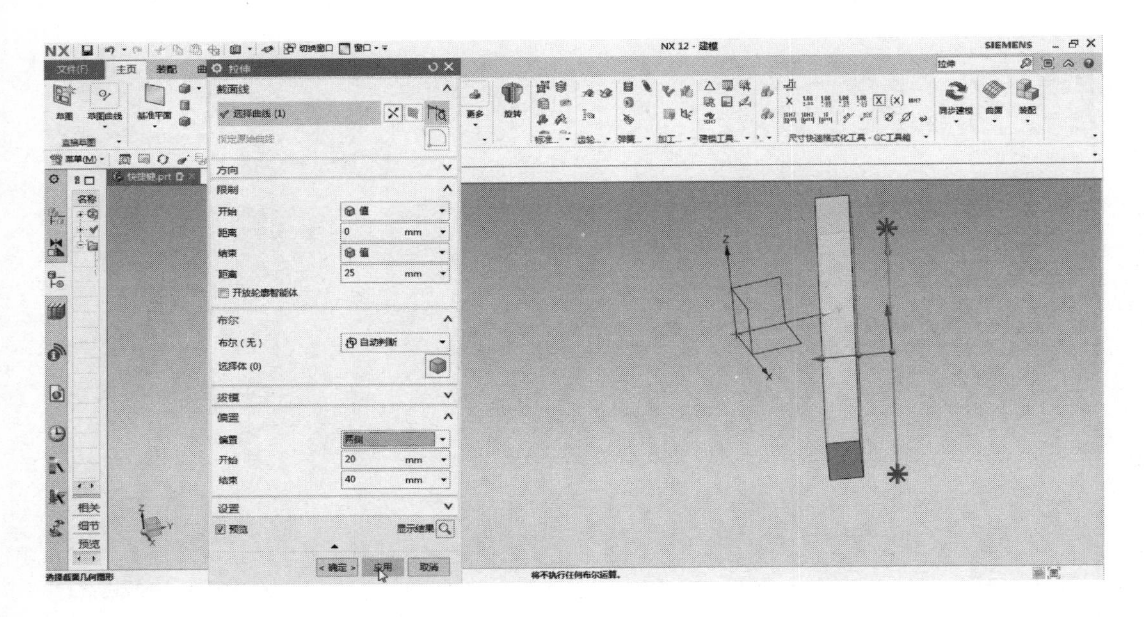

图 4-97　设置“偏置”参数

2. “长方体”命令，快捷键<Z>

按<Z>键，弹出“长方体”对话框，设置参数，如图 4-98 所示。

3. “孔”命令，快捷键<K>

按<K>键，然后在刚创建的长方体上选择一个平面，如图 4-99 所示。单击“确定”按钮，完成“孔”的创建，结果如图 4-100 所示。

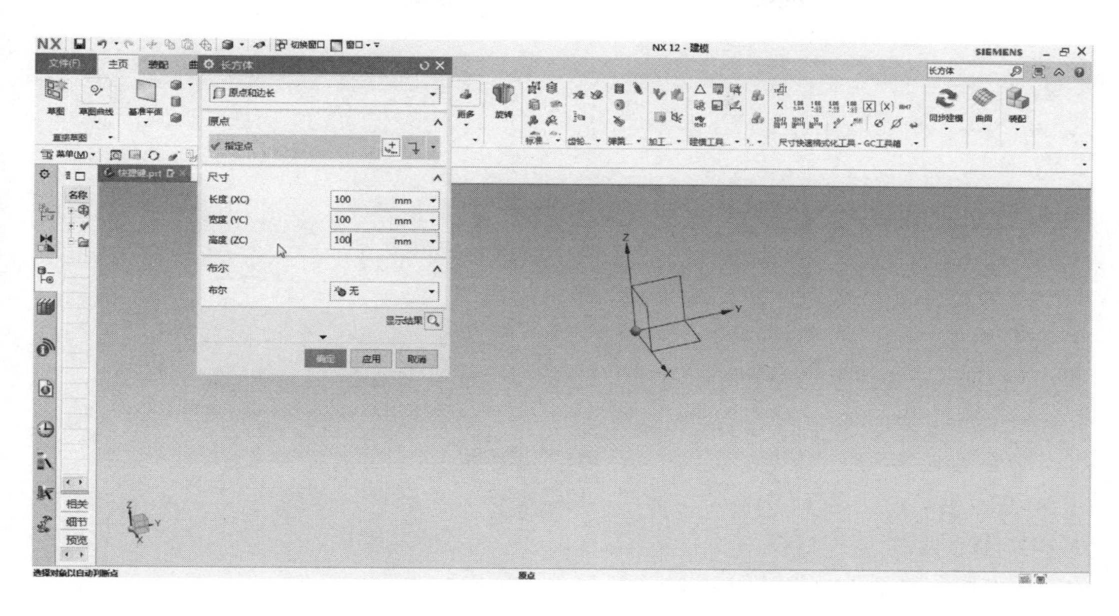

图 4-98　“长方体”对话框

图 4-99　选择一个平面

如果默认的孔的类型与设计意图相符，则按鼠标中键确认操作。如果需要其他孔的类型，则在“孔”对话框中的“类型”列表框中选择所需要的孔的类型，关于孔的尺寸也可在对应的文本框中进行更改。

4. “拆分体”命令，快捷键<F>

按<F>键，在绘图区选择被拆分的对象，弹出“拆分体”对话框，如图 4-101 所示，选择“定义基准平面”选项，这里面会有几种选择基准平面的方法，在之前的任务也有所讲

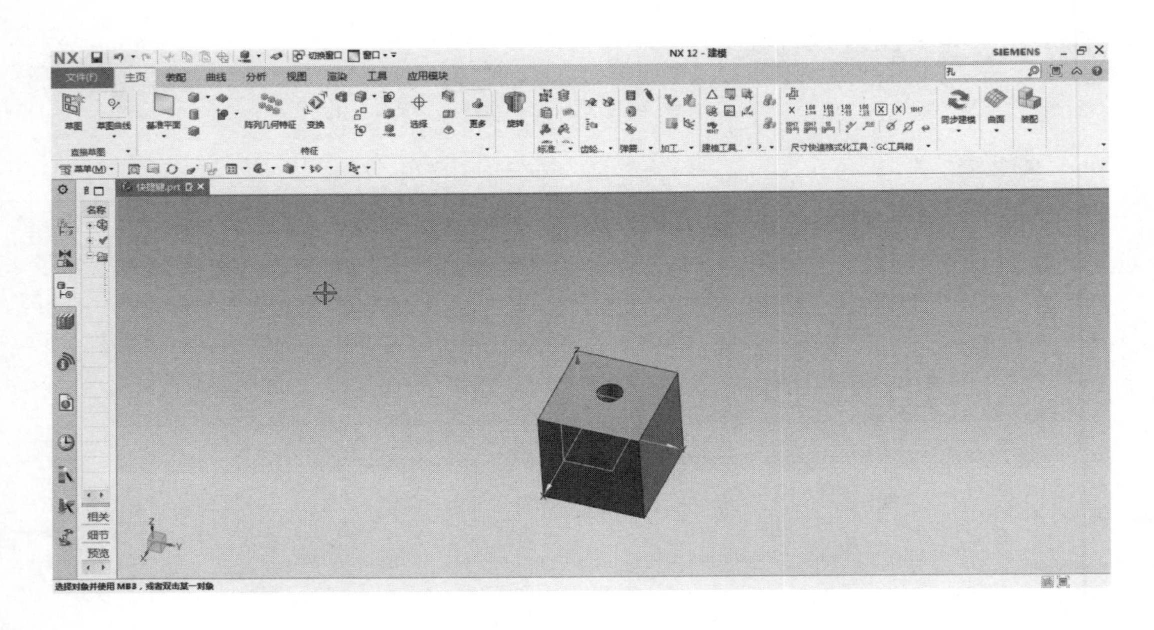

图 4-100　创建孔

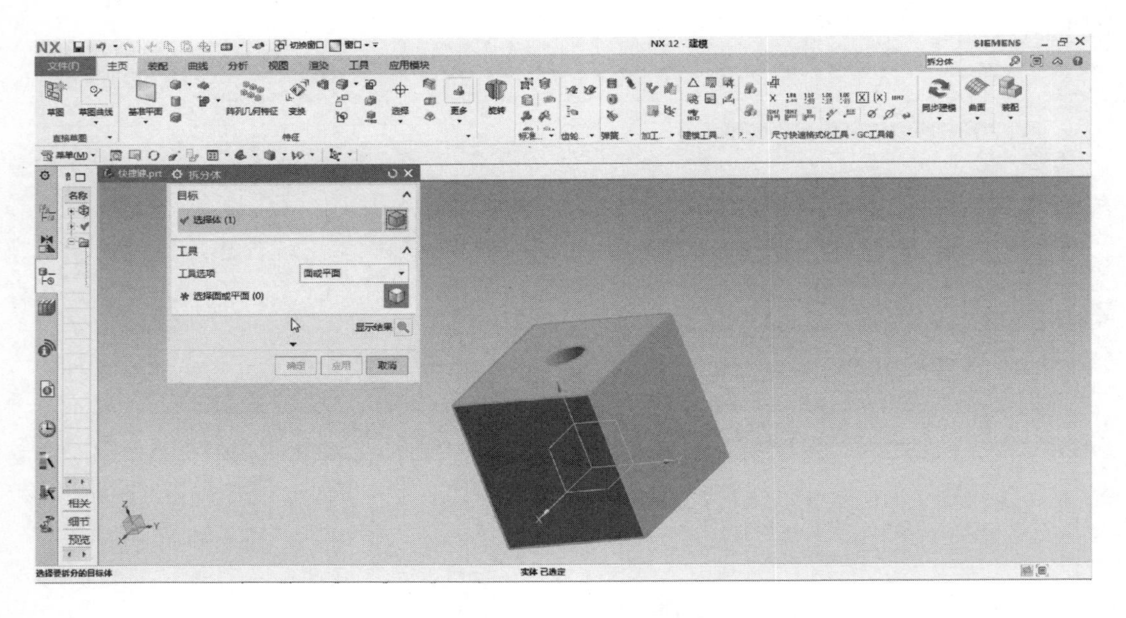

图 4-101　“拆分体”对话框

述，在能够熟练运用的情况下，可以根据不同设计情境选择适合的方法。

本例选择“用相互平行的平面”去拆分对象，如图 4-102 所示，最后成功拆分长方体，如图 4-103 所示。

5. “倒斜角”命令，快捷键<V>

按<V>键，弹出“倒斜角”对话框，如图 4-104 所示。

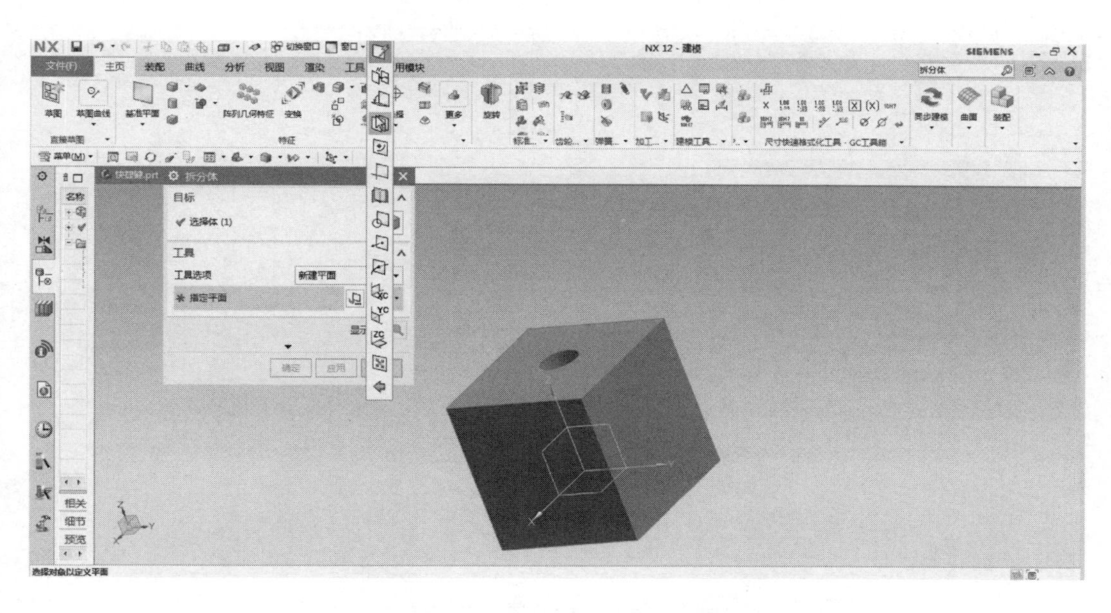

图 4-102　选择“用相互平行的平面”去拆分对象

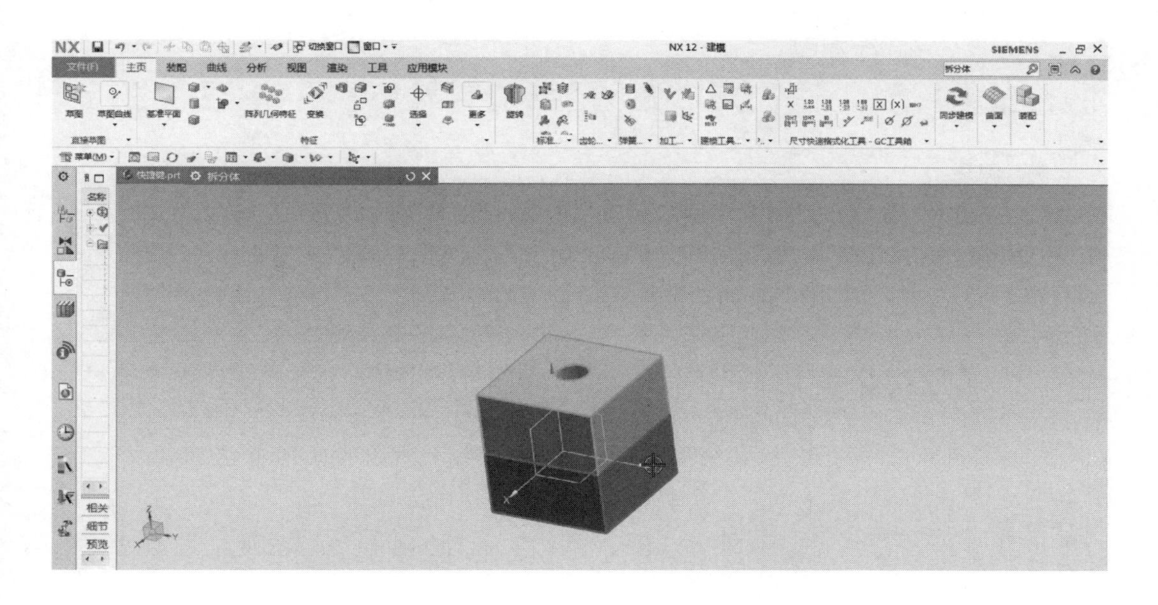

图 4-103　完成长方体的拆分

选择需要倒角的边，并输入倒角尺寸，按鼠标中键，即可完成倒斜角操作。需要注意的是，有 3 种方式进行倒角尺寸设计，可根据不同的设计需要，选择合适的倒角模式。

6. “边倒圆” 命令，快捷键<B>

按<B>键，弹出“边倒圆”对话框，如图 4-105 所示。

在绘图区选择需要进行倒圆的边，在对话框中设置参数，确认无误后按鼠标中键，即可完成倒圆操作。

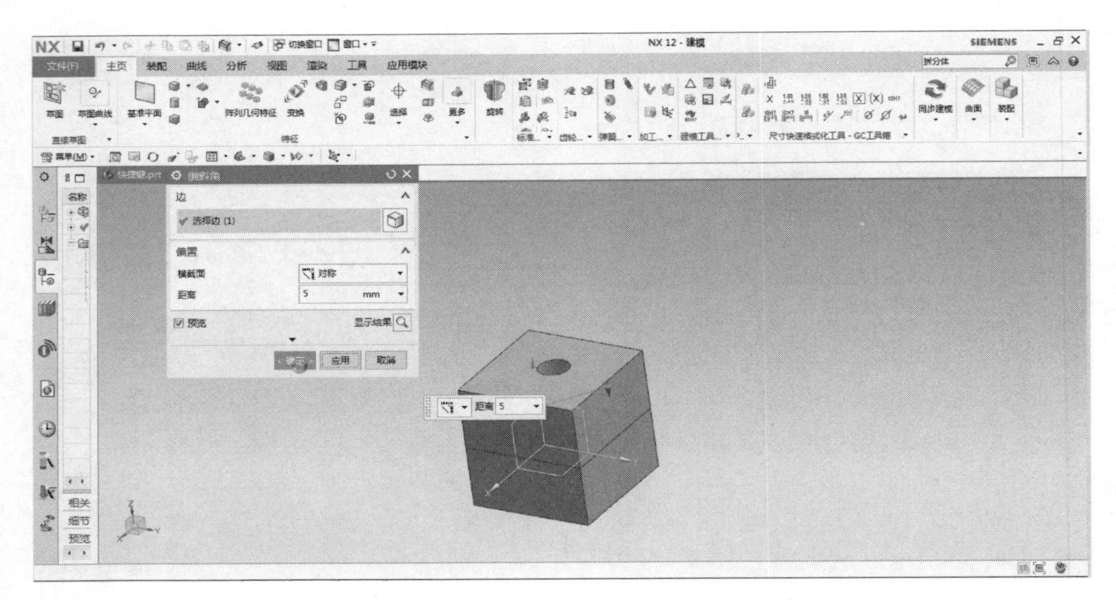

图 4-104 “倒斜角”对话框

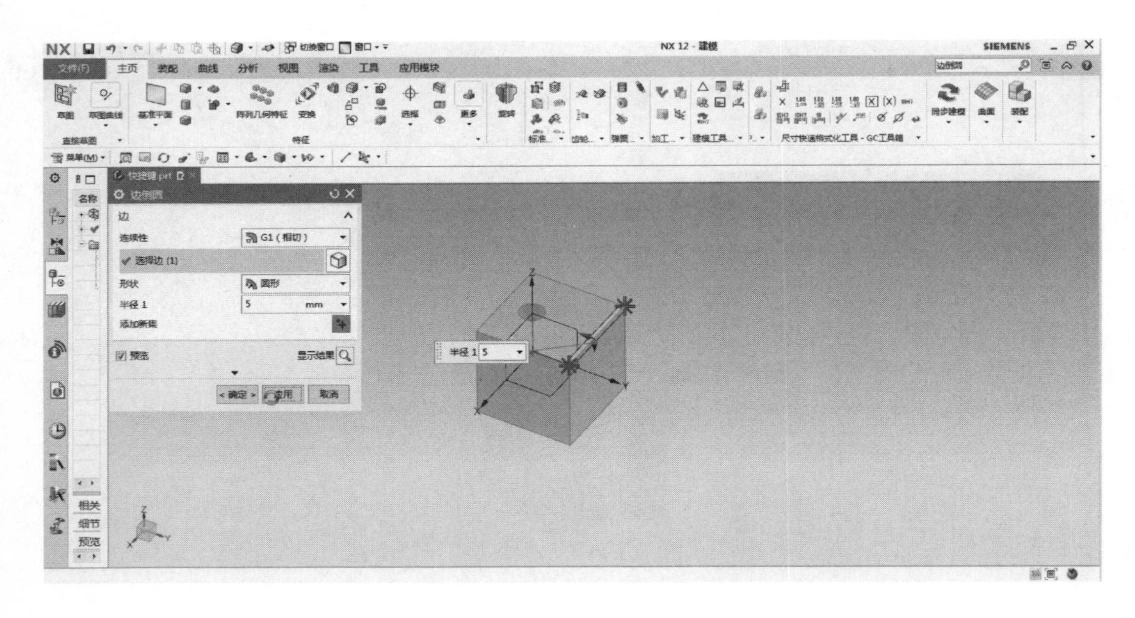

图 4-105 “边倒圆”对话框

7. “偏置面”命令快捷键<Q>

按<Q>键，弹出“偏置面”对话框，如图 4-106 所示。

在绘图区选择需要偏置的平面，然后在“偏置”文本框中输入需要偏置的数值。这时系统会在选定被偏置的平面后会出现一个箭头。如果箭头方向与所需要的偏置方向一致，则偏置值为正向；反之，则需要在偏置值中单击“反向”按钮，按鼠标中键即可完成偏置指令的操作，如图 4-107 所示。

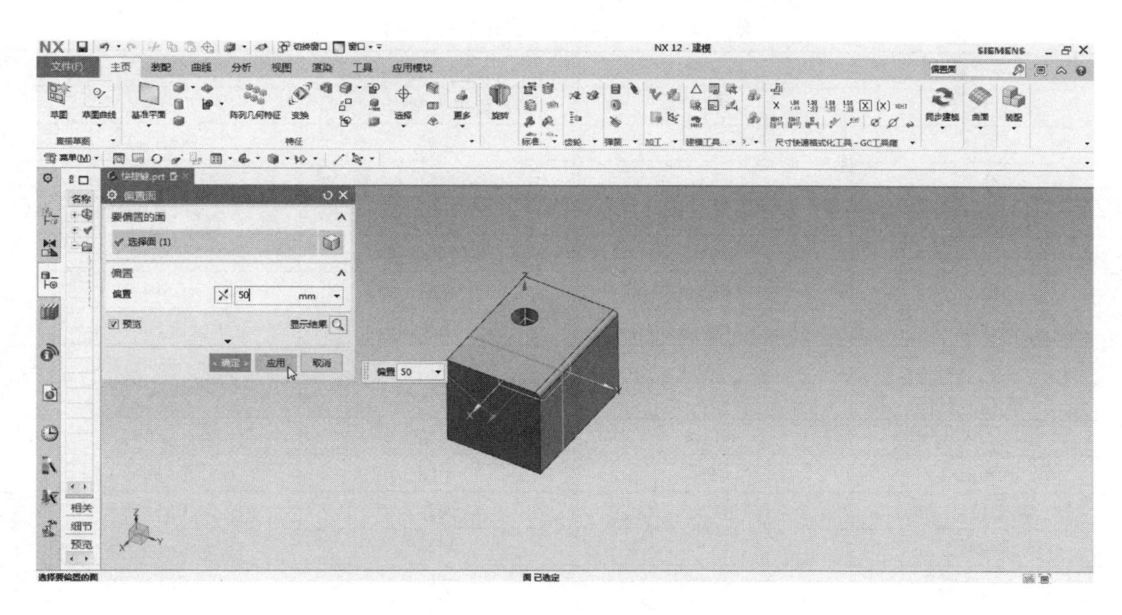

图 4-106　“偏置面”对话框

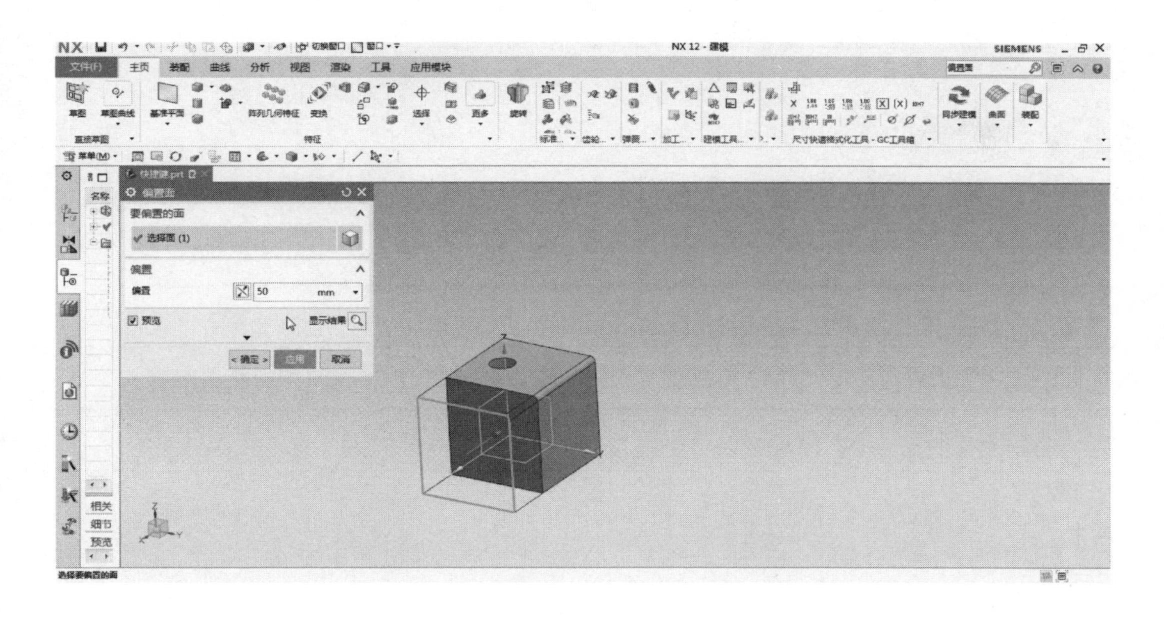

图 4-107　完成偏置面操作

其他快捷键的使用方法在此不一一列举。UG NX 12.0 软件的快捷方式见表 4-3。

心得体会

熟练掌握常用快捷方式，可提高建模效率，达到任务目标的要求。

表 4-3 UG NX 12.0 软件快捷方式

命令名称	快捷键	命令名称	快捷键
拉伸	<S>	设置为 WCS	<F9>
长方体	<Z>	变换	<Ctrl +T>
孔	<K>	适合窗口	<Ctrl +F>
分割体	<F>	删除	<Ctrl + D>
倒斜角	<V>	图层的设置	<Ctrl+L>
边倒圆	<B>	隐藏	<Ctrl+ B>
偏置面	<Q>	反转	<Ctrl + Shift + B>
求和	<H>	全部显示	<Ctrl +Shift + U>
求差	<J>	摆正视图	<F8>
重设面大小	<C>	刷新	<F5>
替换面	<T>	制图	<Ctrl +Shift +Z>
移动特征	<U>	保存	<Ctrl + S>
移除参数	<X>	复制	<Ctrl + C>
点	<R>	粘贴	<Ctrl + V>
距离	<E>	撤销	<Ctrl + Z>
WCS 方向	<D>	进入建模	<M>
WCS 原点	<Y>		

项目五　简单零件建模

专项训练一

任务目标

能够熟练、精准、快速地应用“长方体（两个对角点）”“孔（沉头孔）”“倒斜角”“倒圆角”“移除参数”“移动至图层”“正等测视图”等命令创建三维模型。

1. 根据图 5-1 所示零件图，创建该零件的三维模型。

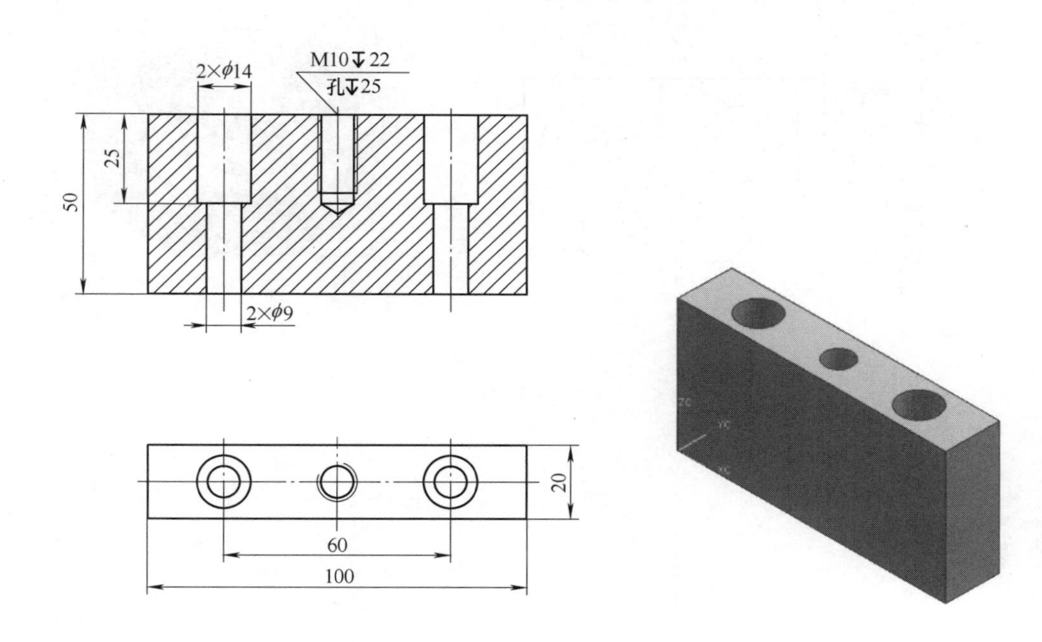

图 5-1　专项训练零件图（一）

心得体会

____

____

____

____

2. 根据图 5-2 所示零件图，创建该零件的三维模型。

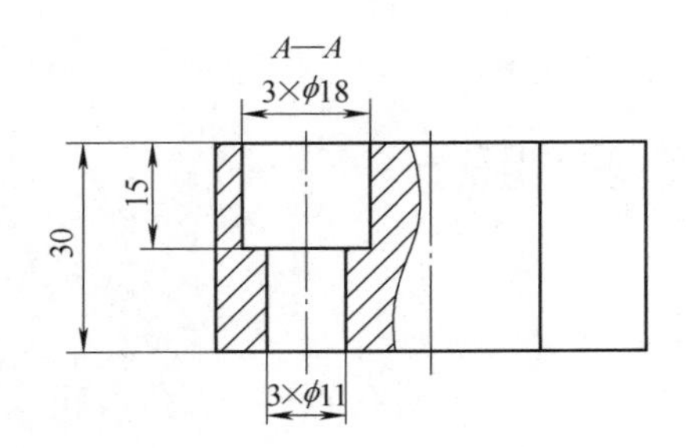

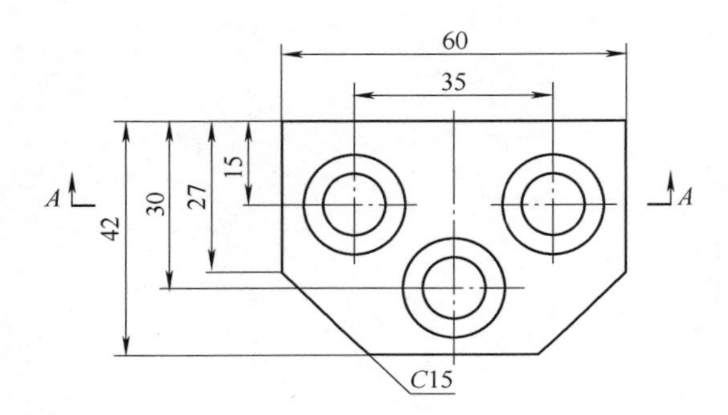

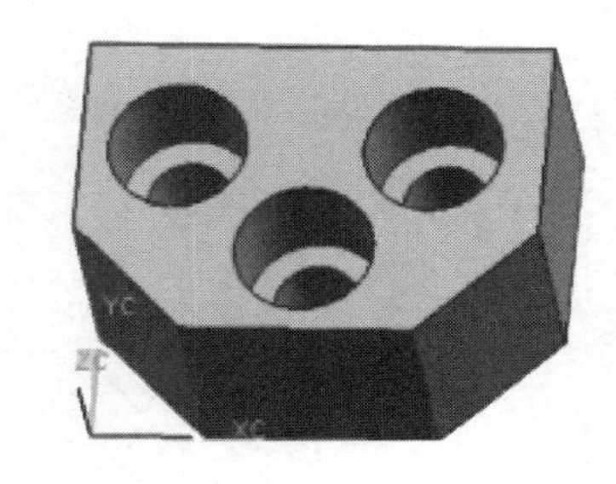

图 5-2 专项训练零件图（二）

心得体会

3. 根据图 5-3 所示零件图，创建该零件的三维模型。

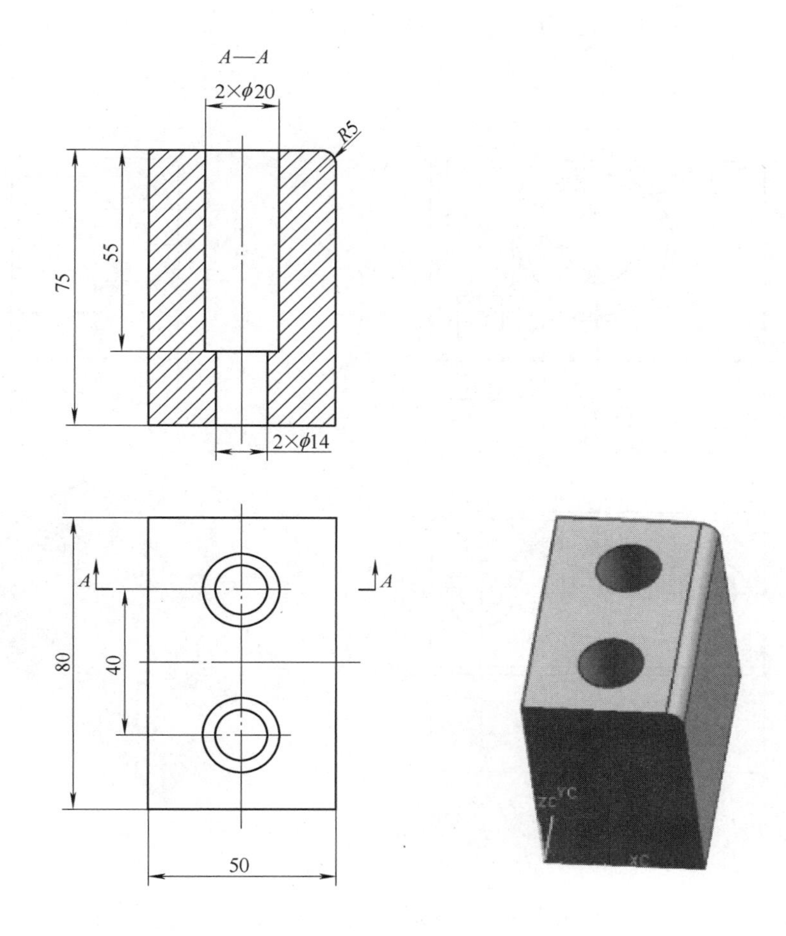

图 5-3　专项训练零件图（三）

心得体会

4. 根据图 5-4 所示零件图，创建该零件的三维模型。

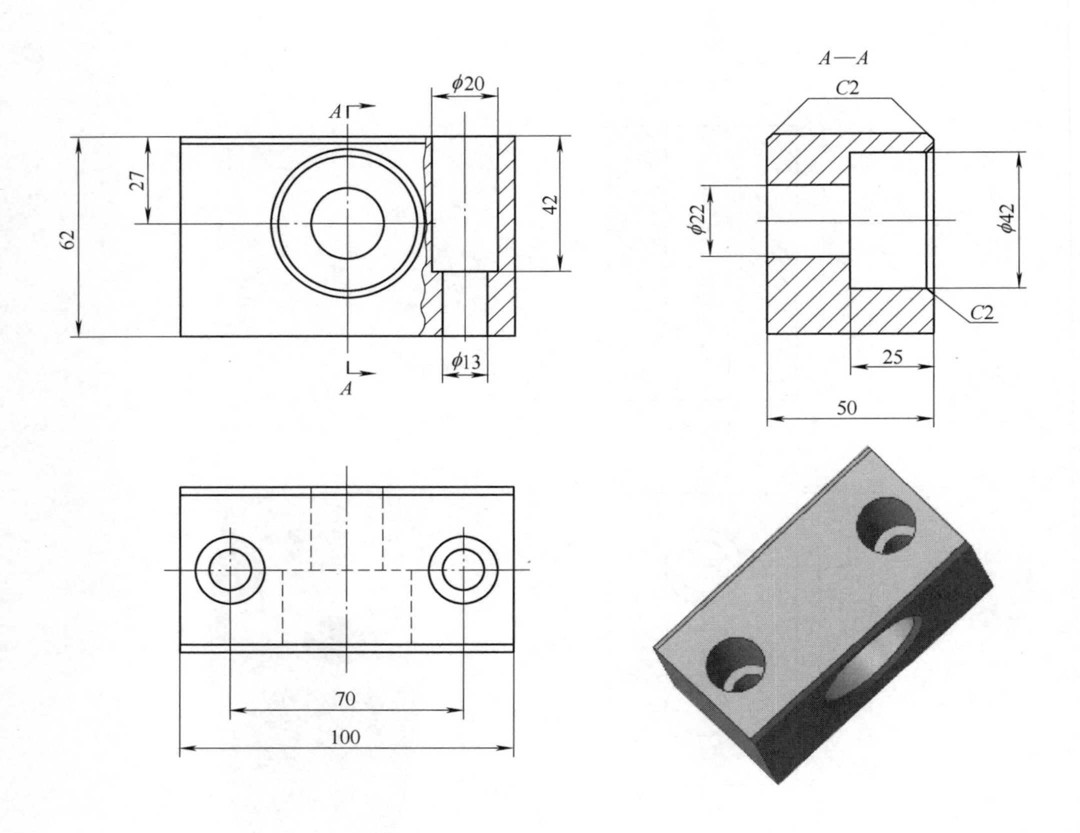

图 5-4　专项训练零件图（四）

心得体会

专项训练二

任务目标

能够熟练、精准、快速地应用“长方体（两个对角点）”“孔（简单孔）”“减去”“移动至图层”“移除参数”“正等测视图”“旋转”“倒斜角”“拉伸”“偏置”“分割体”“变换”等命令创建三维模型。

1. 根据图 5-5 所示零件图，创建该零件的三维模型。

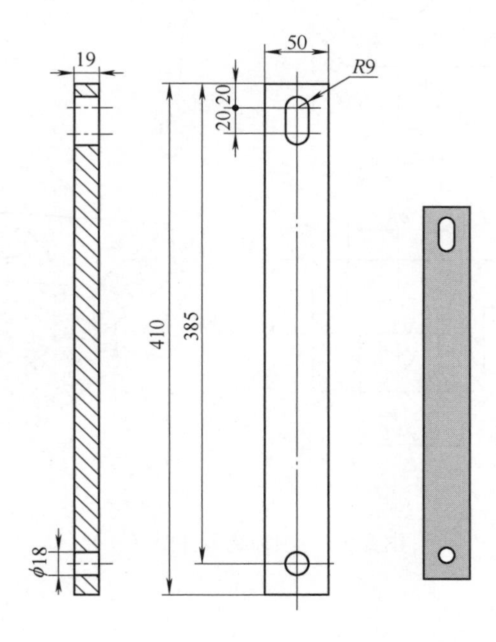

图 5-5 专项训练零件图（五）

心得体会

2. 根据图 5-6 所示零件图（书中尺寸为生产零件的实际尺寸，为方便识图，进行了放大），创建该零件的三维模型。

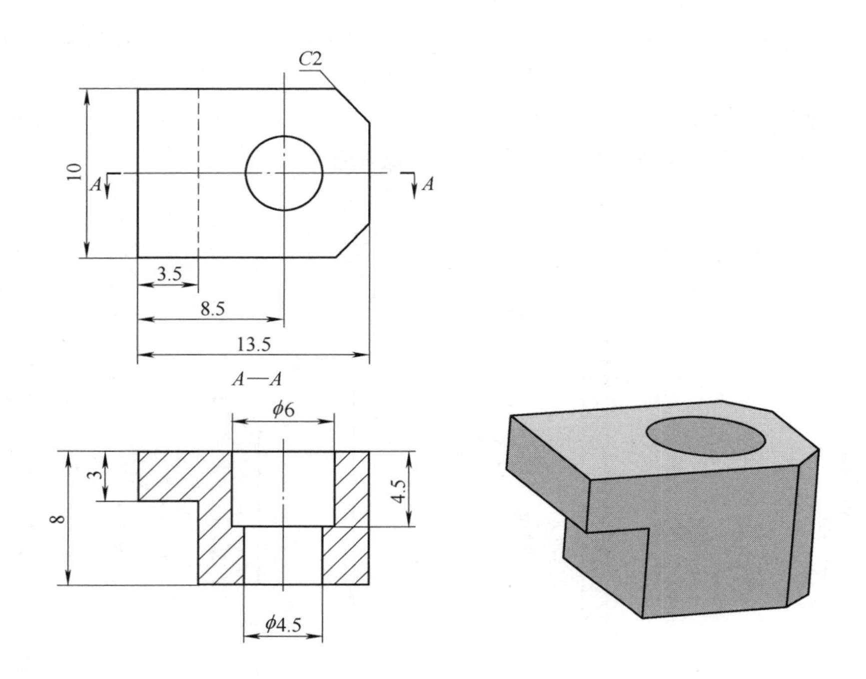

图 5-6　专项训练零件图（六）

心得体会

3. **根据图 5-7 所示零件图，创建该零件的三维模型。**

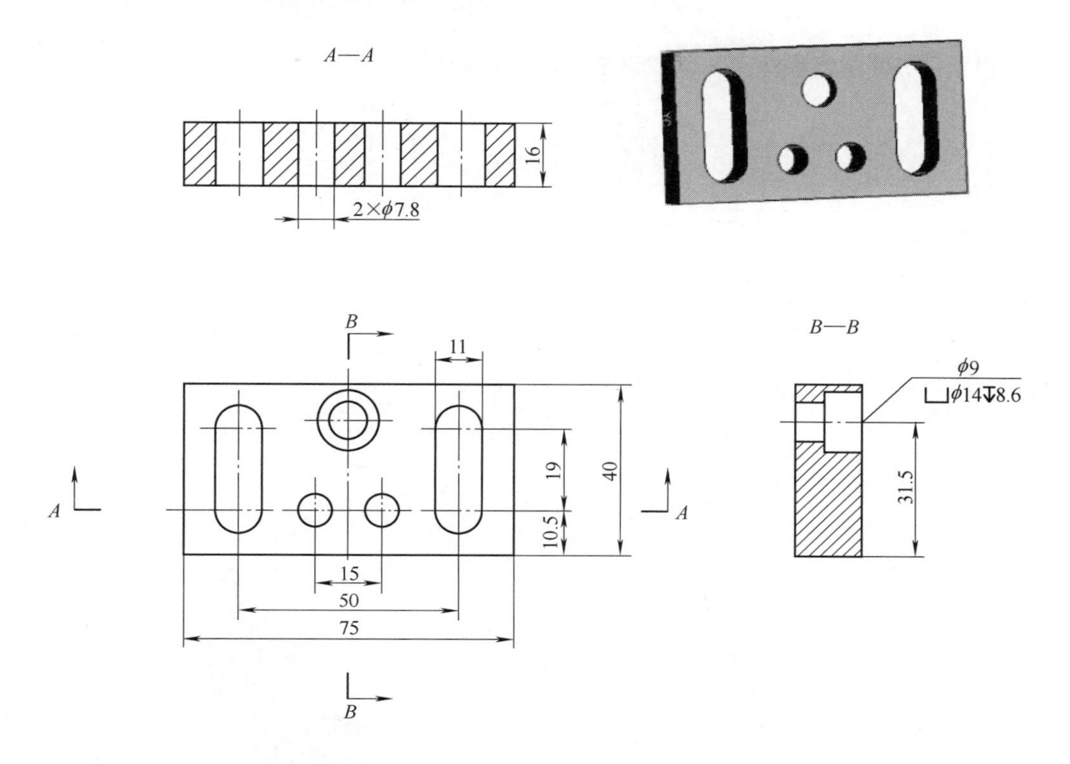

图 5-7　专项训练零件图（七）

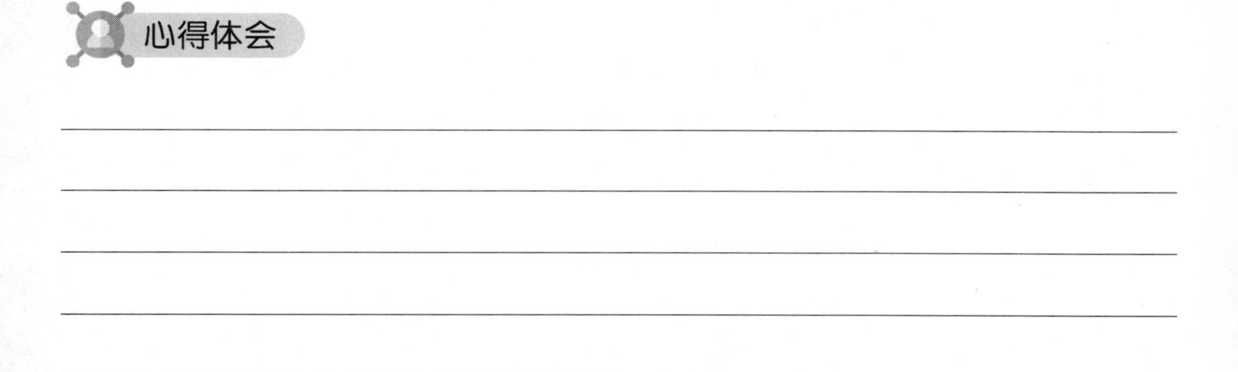

专项训练三

任务目标

能够熟练、精准、快速地应用“长方体（两个对角点）”“倒斜角（距离与角度）”“倒圆角”“拉伸”“偏置”“孔（简单孔）”“减去”“移除参数”“移动至图层”“正等测视图”等命令创建三维模型。

1. 根据图 5-8 所示零件图，创建该零件的三维模型。

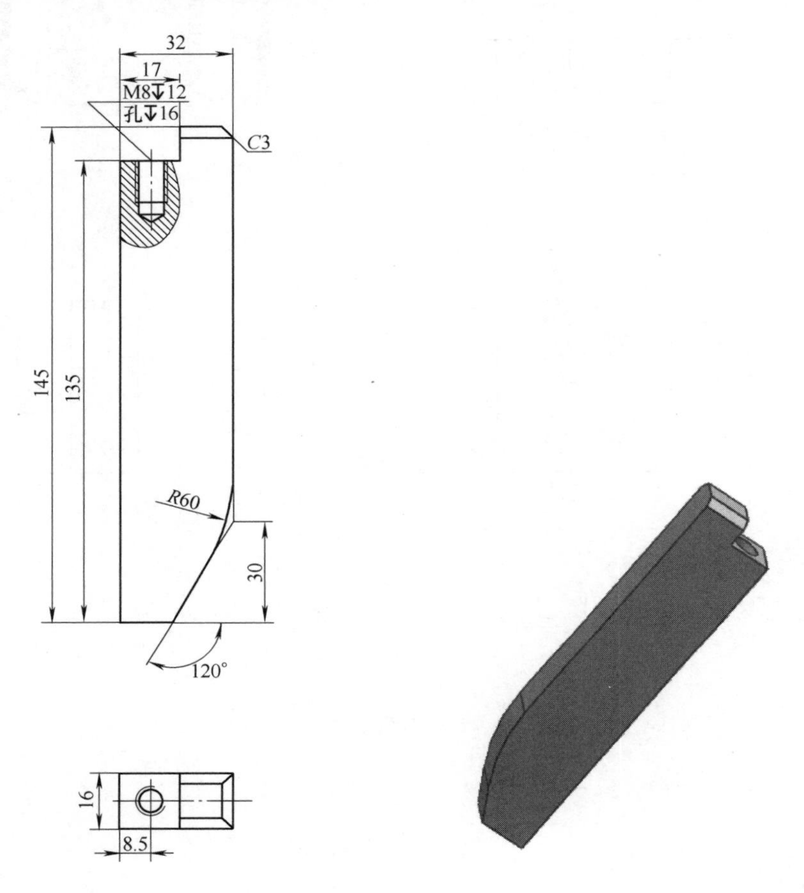

图 5-8 专项训练零件图（八）

心得体会

2. 根据图 5-9 所示零件图，创建该零件的三维模型。

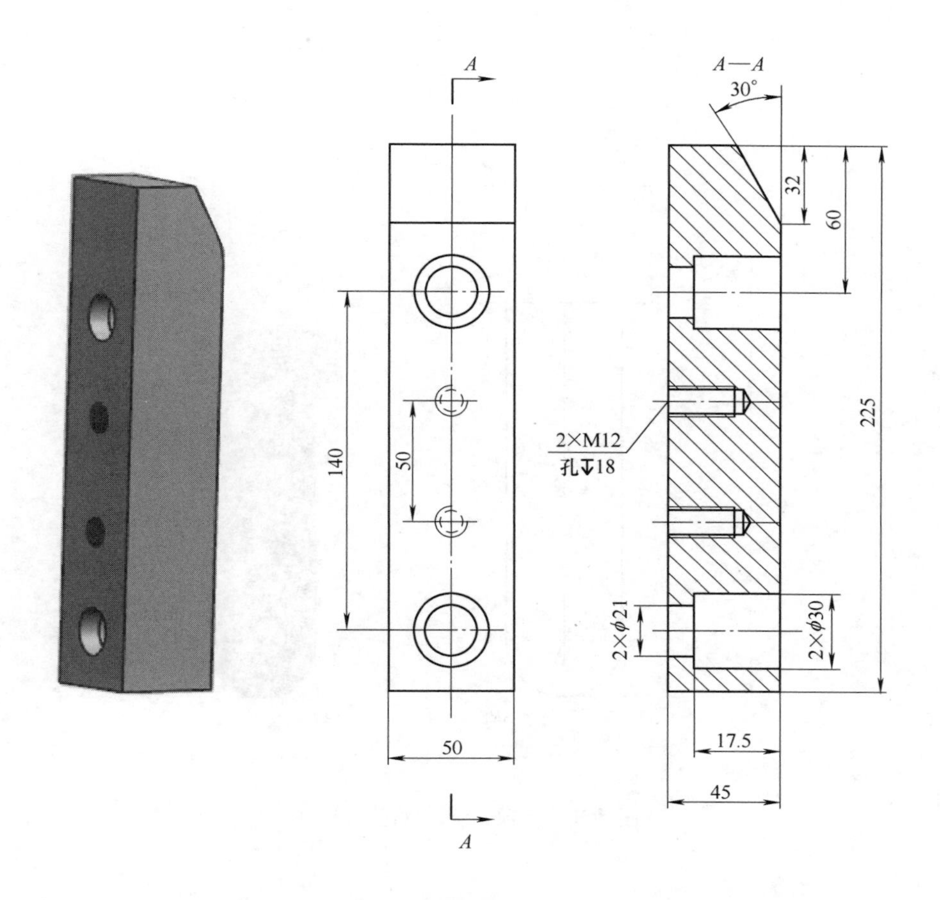

图 5-9　专项训练零件图（九）

心得体会

3. 根据图 5-10 所示零件图，创建该零件的三维模型。

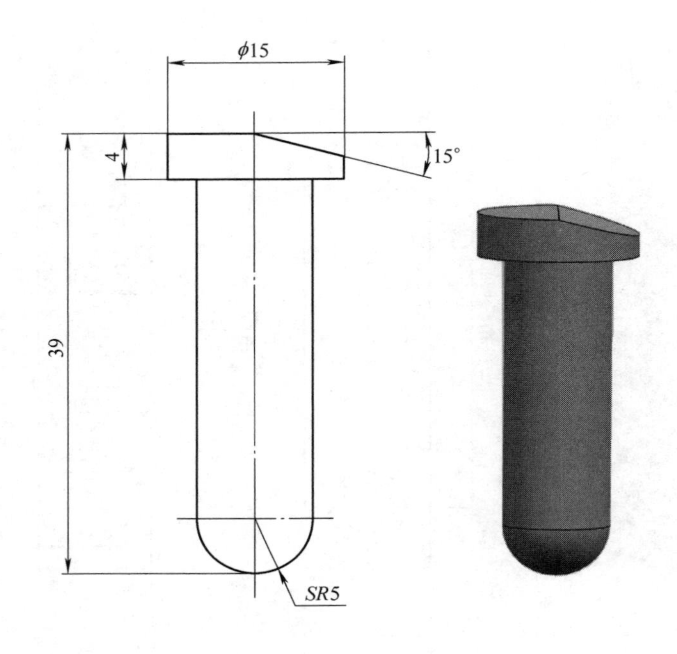

图 5-10 专项训练零件图（十）

心得体会

4. 根据图 5-11 所示零件图，创建该零件的三维模型。

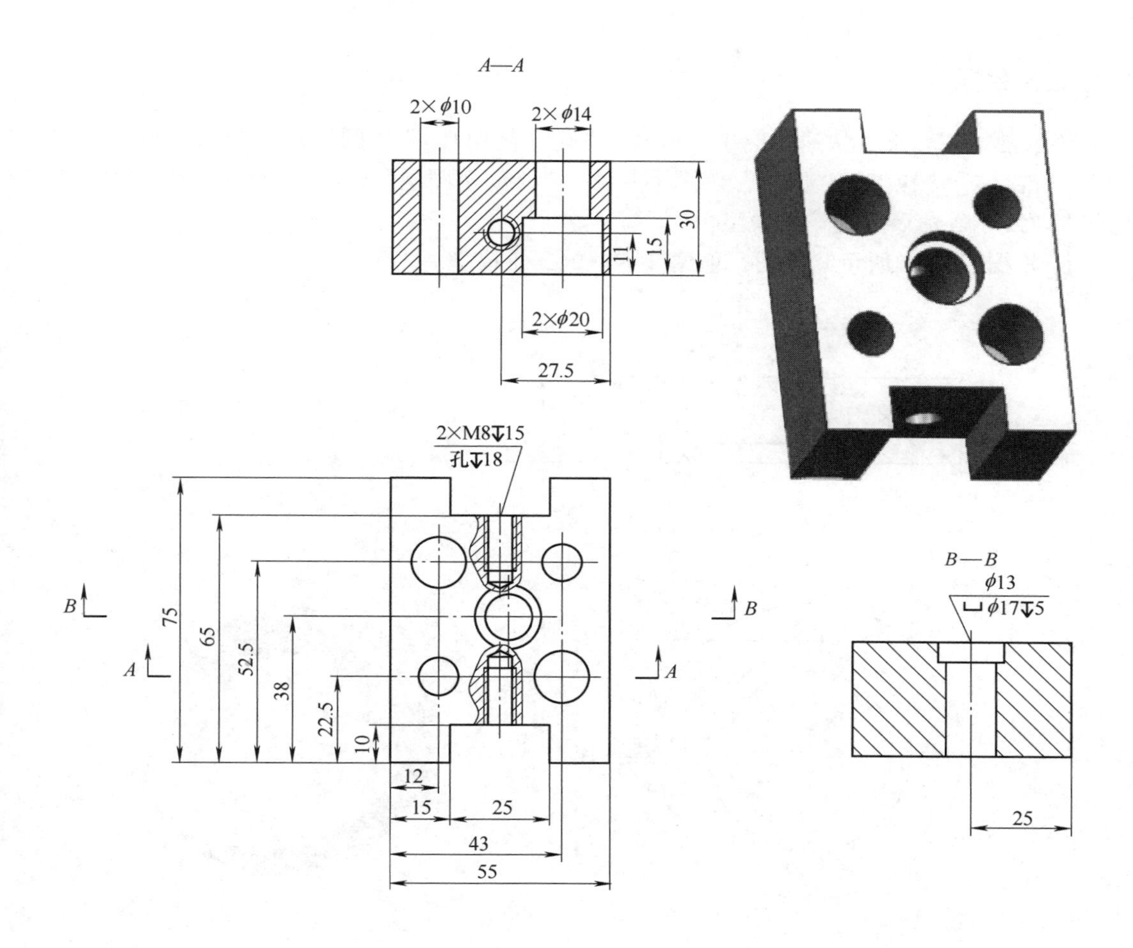

图 5-11　专项训练零件图（十一）

心得体会

专项训练四

任务目标

能够熟练、精准、快速地应用“圆柱”“孔（简单孔）”“倒斜角（距离与角度）”“变换”“分割体”“拉伸”“偏置”“移除参数”“移动至图层”“正等测视图”“隐藏”“删除”“螺纹”等命令创建三维模型。

1. 根据图 5-12 所示零件图，创建该零件的三维模型。

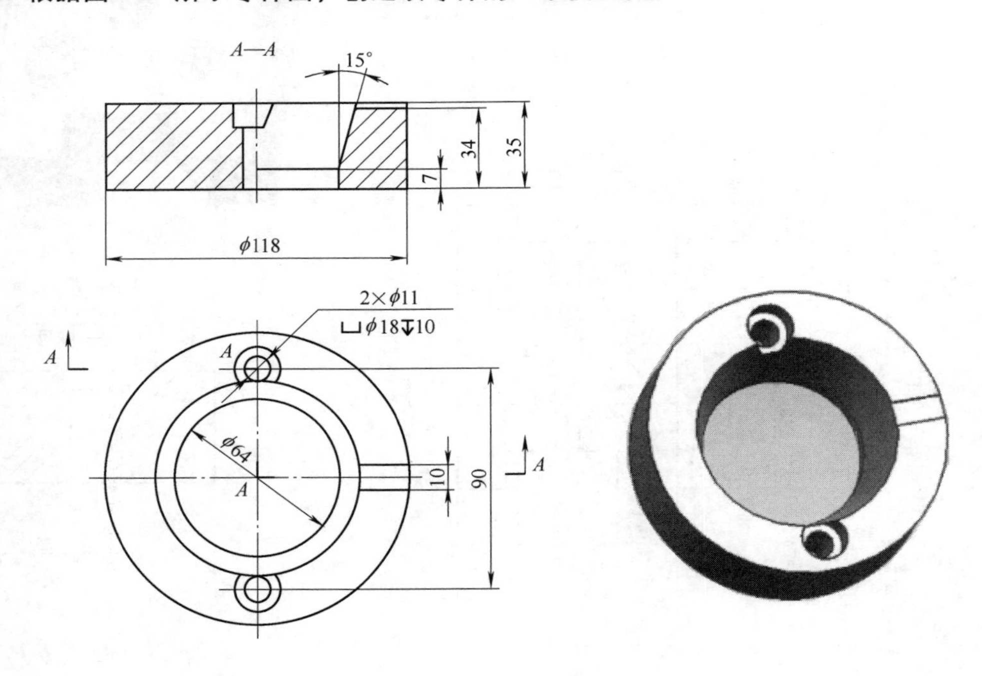

图 5-12 专项训练零件图（十二）

心得体会

2. 根据图 5-13 所示零件图，创建该零件的三维模型。

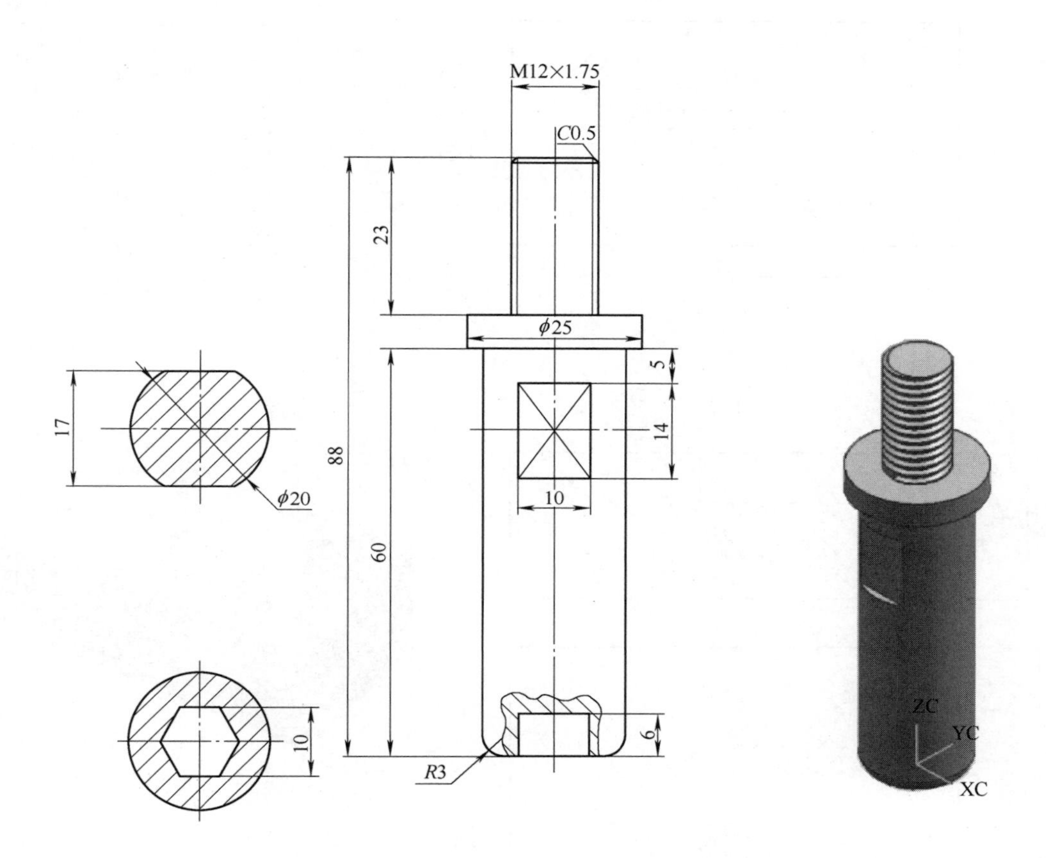

图 5-13　专项训练零件图（十三）

心得体会

3. 根据图 5-14 所示零件图，创建该零件的三维模型。

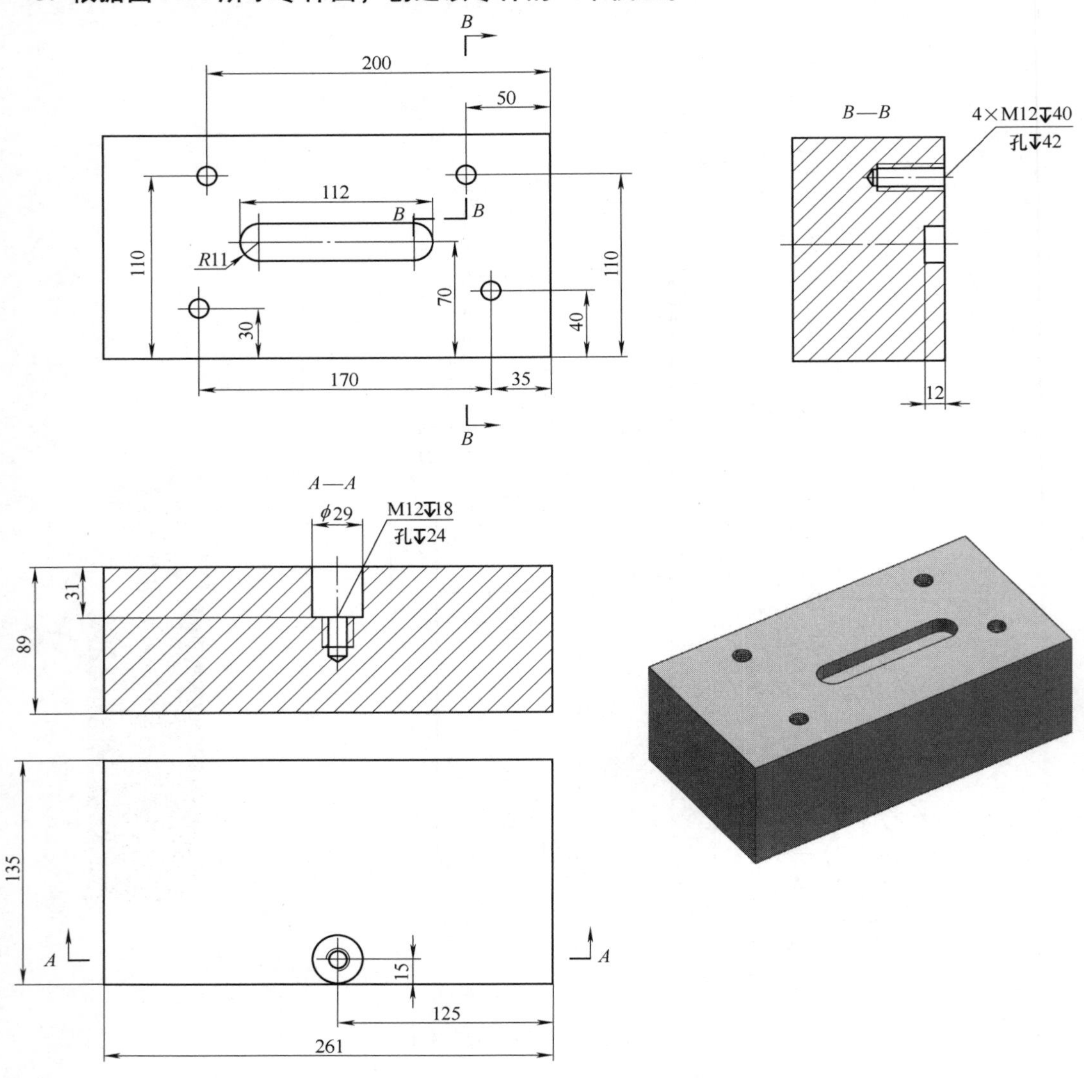

图 5-14 专项训练零件图（十四）

心得体会

专项训练五

任务目标

能够熟练、精准、快速地应用“长方体”“孔”“偏置面”“距离”“分割体”“倒圆角”“移除参数”“移动至图层”“保存”等命令创建三维模型。

1. 根据图5-15所示零件图，创建该零件的三维模型。

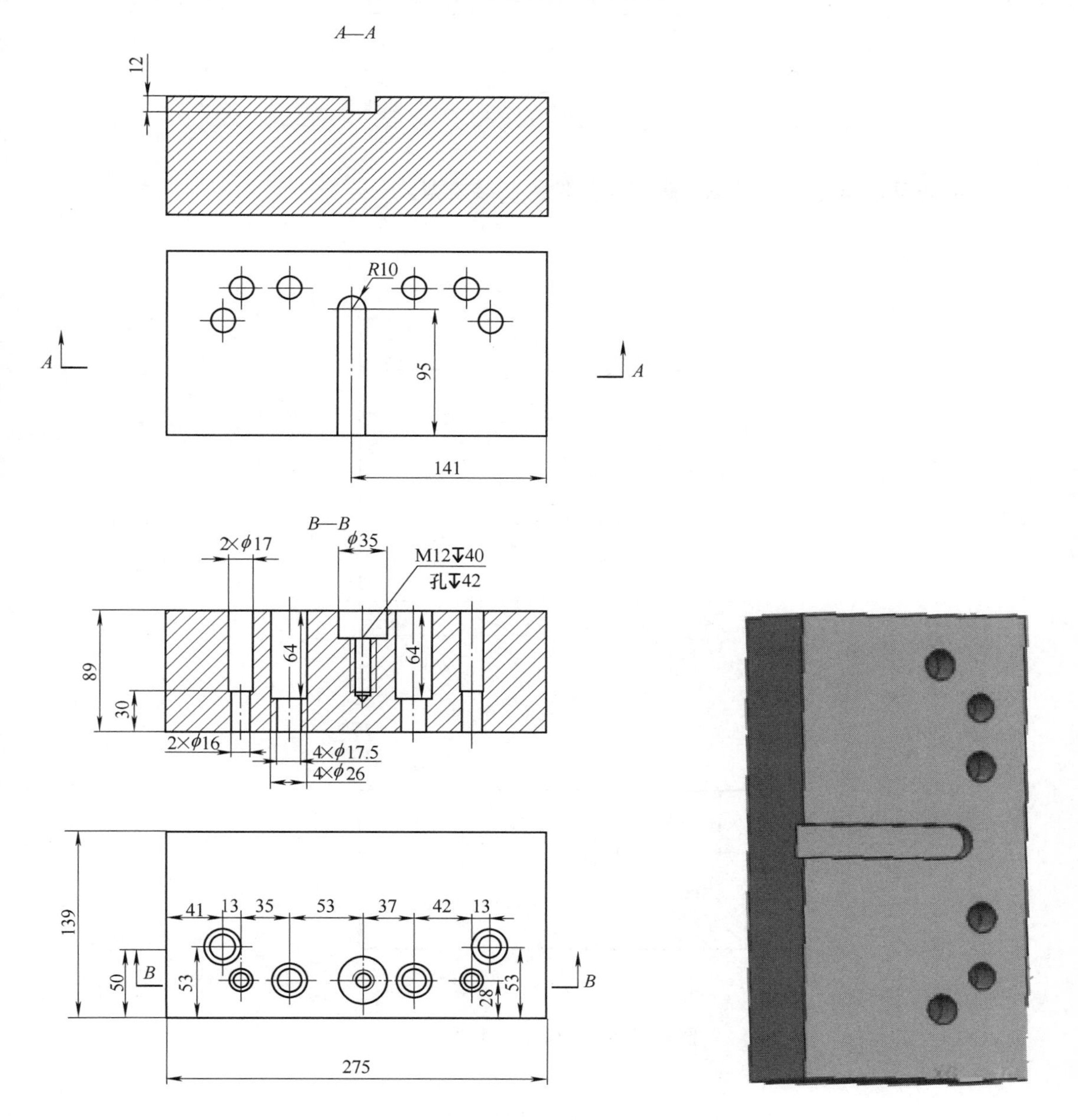

图5-15　专项训练零件图（十五）

心得体会

2. 根据图 5-16 所示零件图，创建该零件的三维模型。

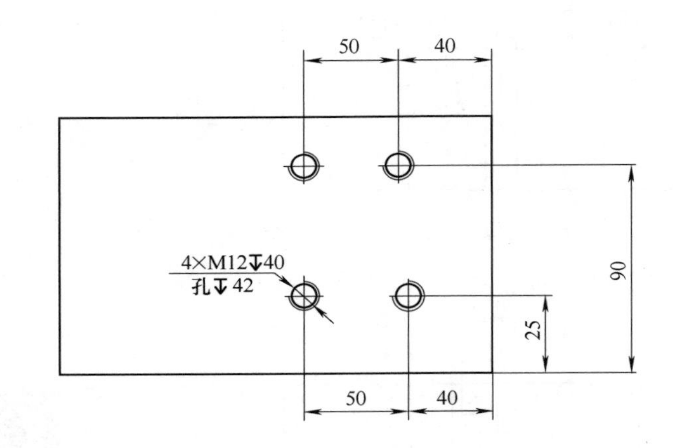

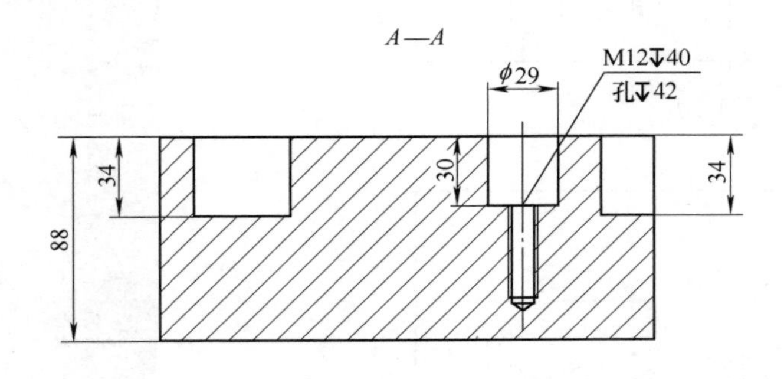

图 5-16 专项训练零件图（十六）

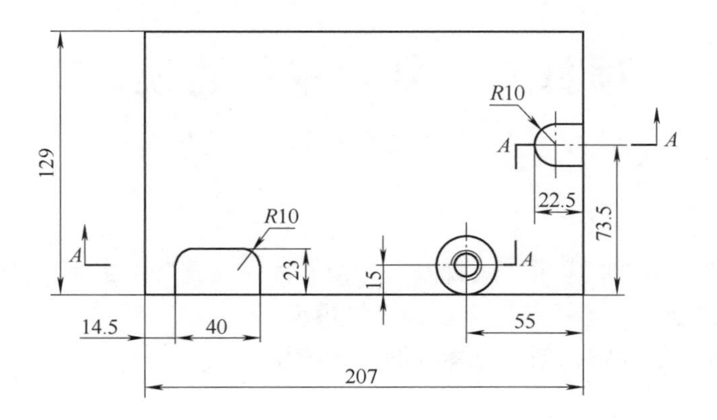

图 5-16　专项训练零件图（十六）（续）

心得体会

项目六　复杂零件建模

任务目标

能够熟练、精准、快速地应用“攻螺纹”“长方体”“孔”“距离”“约束面”“倒圆角”“移除参数”“移动至图层”等命令创建三维模型。

1. 根据图 6-1 所示零件图，创建该零件的三维模型。

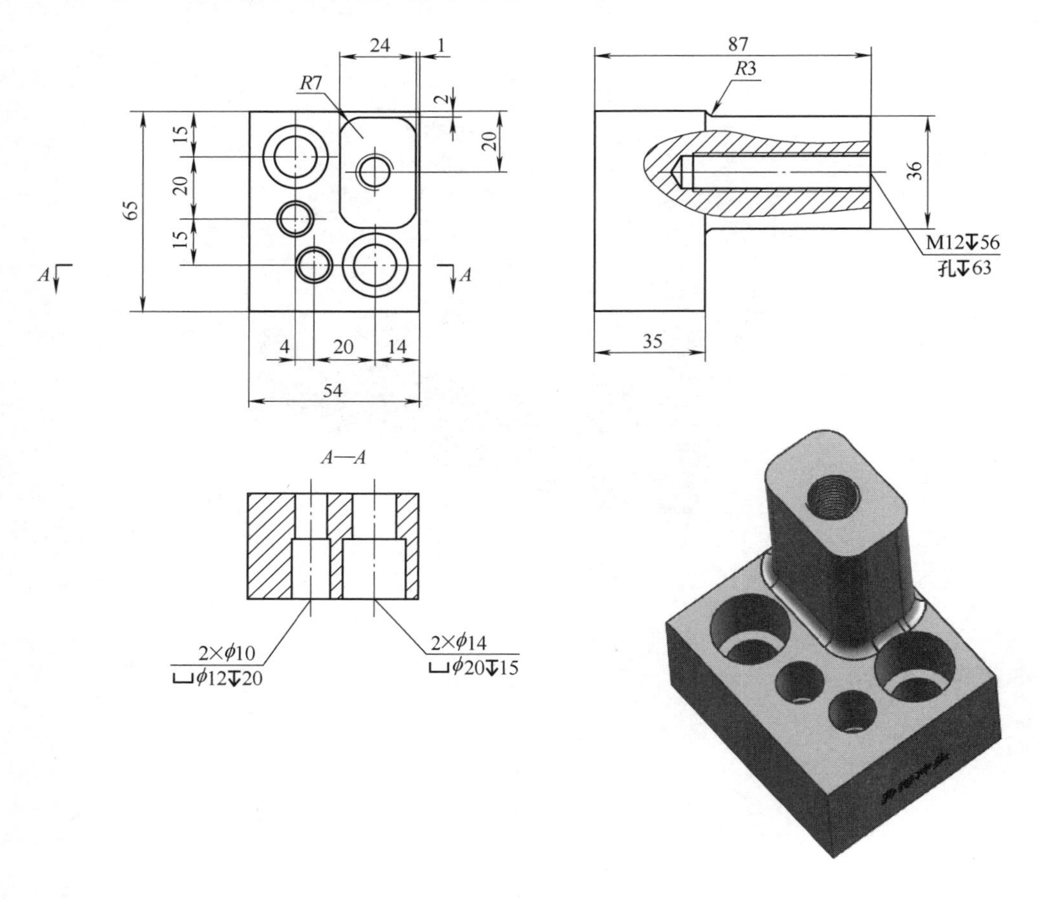

图 6-1　异形冲头零件图

心得体会

2. 根据图 6-2 所示零件图，创建该零件的三维模型。

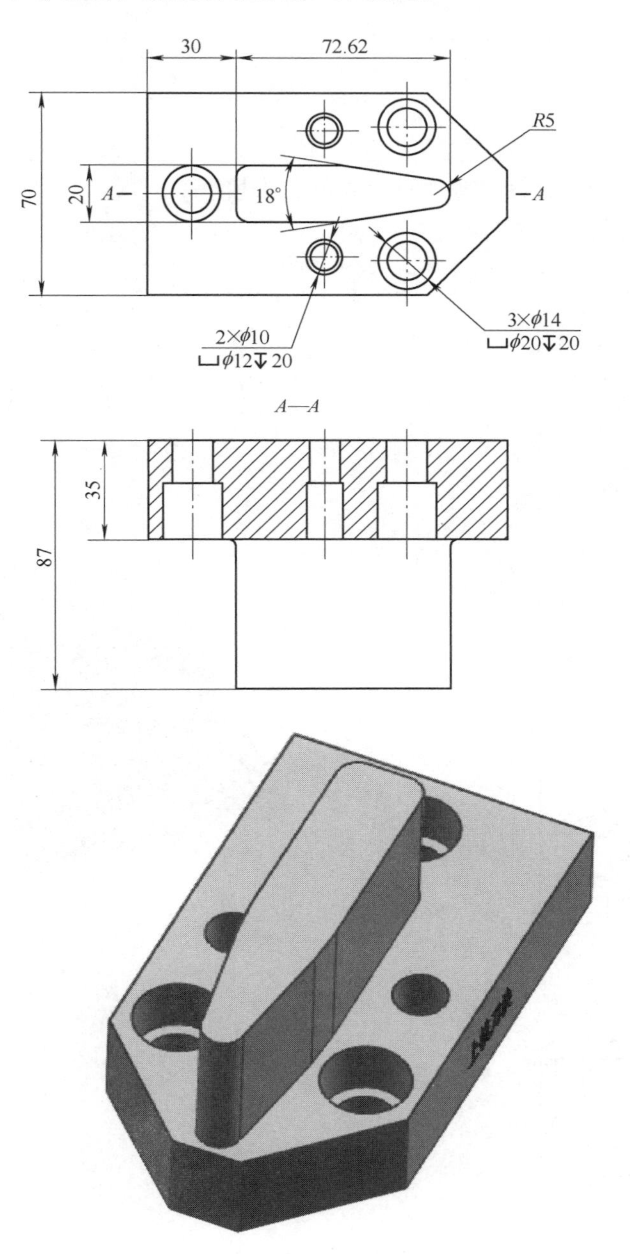

图 6-2　上模刀块零件图

心得体会

3. 根据图 6-3 所示零件图，创建该零件的三维模型。

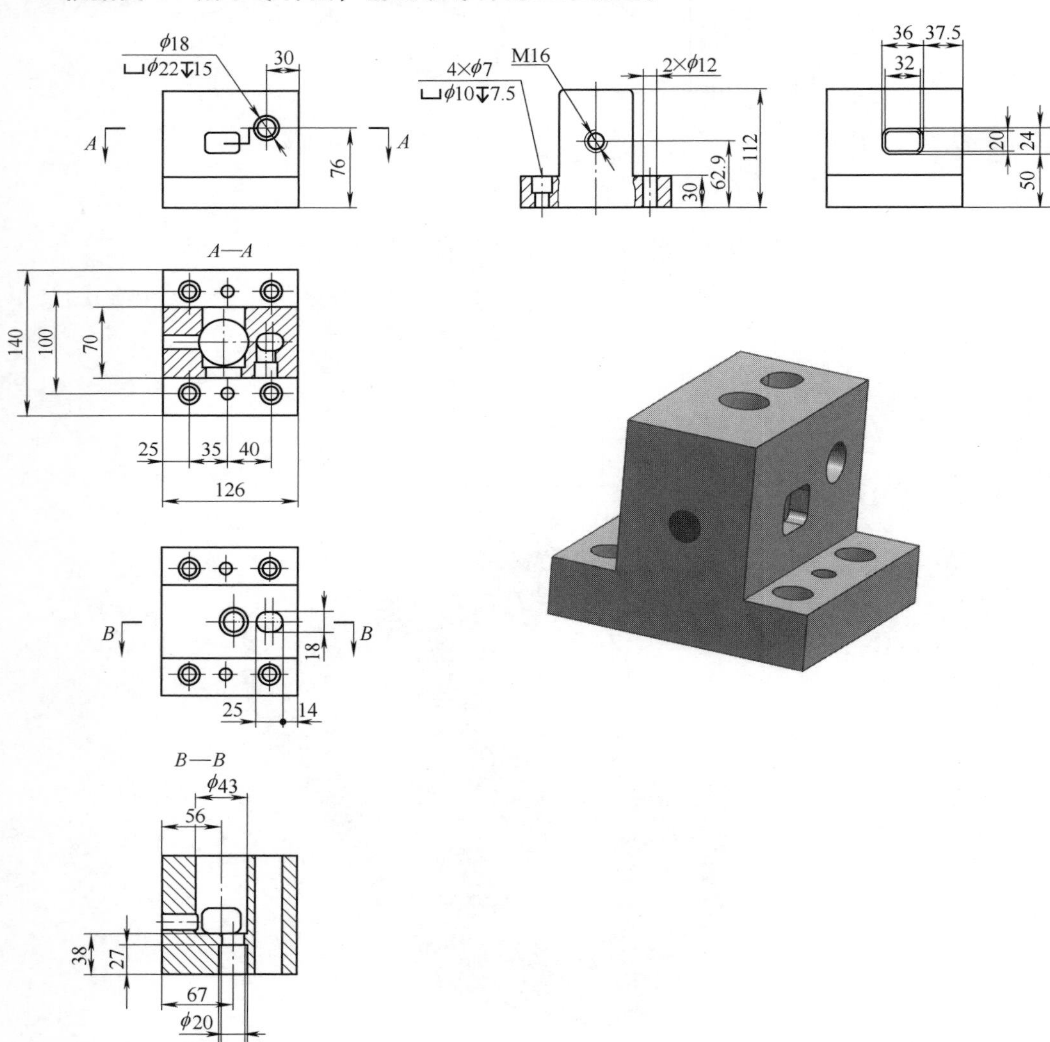

图 6-3 下凹模箱块零件图

心得体会

4. **根据图 6-4 所示零件图，创建该零件的三维模型。**

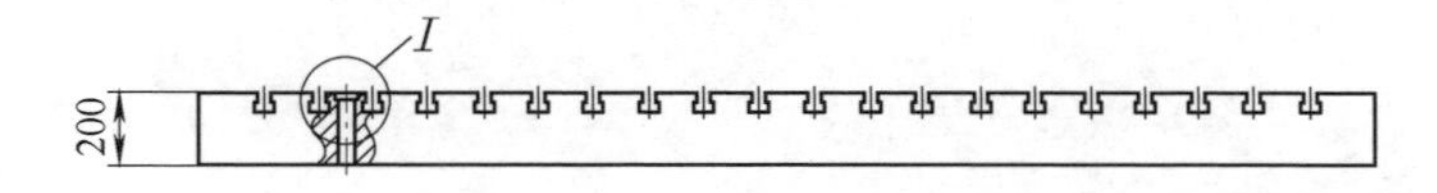

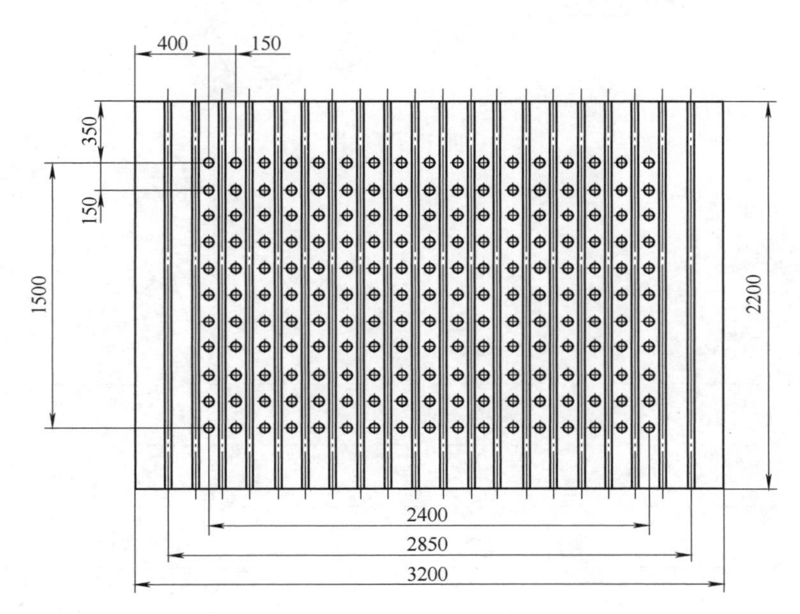

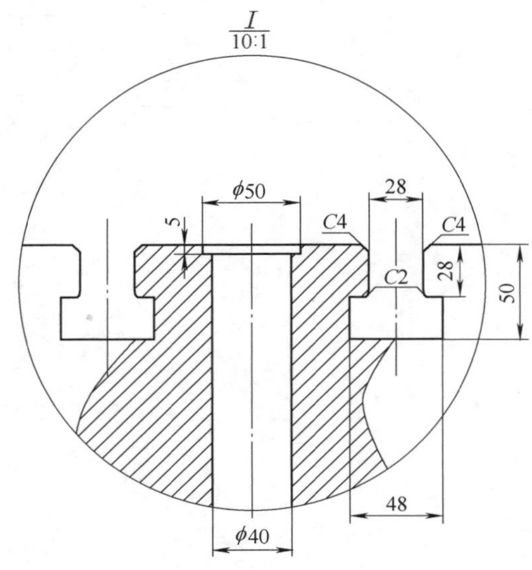

图 6-4　机床台零件图

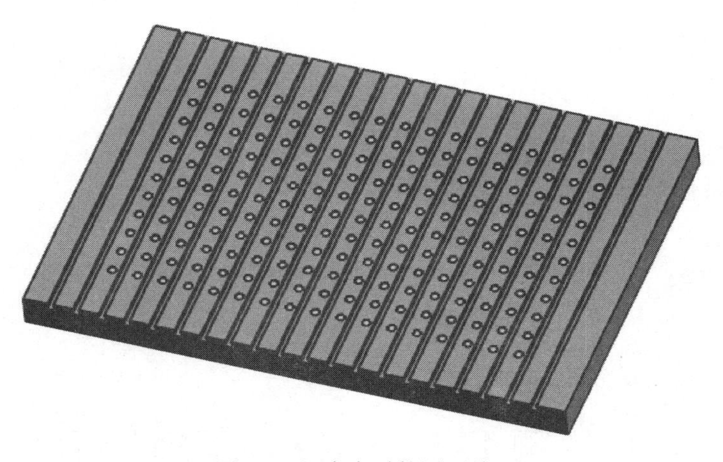

图 6-4　机床台零件图（续）

心得体会